"十三五"国家重点出版物出版规划项目
可靠性新技术丛书

轨道交通列车安全可靠性分析

Safety and Reliability Analysis of Rail Transit Train

秦勇　寇淋淋　赵雪军　付勇　贾利民　著

国防工业出版社
·北京·

内 容 简 介

本书旨在为建立面向主动安全保障的轨道交通列车安全可靠性分析新模式提供理论方法框架。主要阐述了轨道交通列车系统安全与运行风险分析、基于人工智能与信号处理的列车关键部件服役状态辨识、基于数据驱动的列车关键部件实时可靠性预测分析、基于网络流的列车系统多态可靠性分析评估，以及轨道交通列车系统多部件状态修优化方法等内容。深入分析了人工智能、数据驱动、故障预测与健康管理（PHM）等新技术在轨道交通列车安全保障与健康管理领域的新发展。

本书适用于从事轨道交通列车系统安全保障领域研究、分析和设计的工程技术人员、科研人员和行业管理人员阅读，也可作为高校学生和教师开展相关教学学习的参考书。

图书在版编目（CIP）数据

轨道交通列车安全可靠性分析/秦勇等著．—北京：
国防工业出版社，2022.11
（可靠性新技术丛书）
ISBN 978-7-118-12432-3

Ⅰ．①轨… Ⅱ．①秦… Ⅲ．①铁路车辆–可靠性–研究 Ⅳ．①U27

中国版本图书馆 CIP 数据核字（2022）第 186772 号

※

国防工业出版社出版发行

（北京市海淀区紫竹院南路 23 号 邮政编码 100048）
北京虎彩文化传播有限公司印刷
新华书店经销

*

开本 710×1000 1/16 插页 2 印张 11¾ 字数 209 千字
2023 年 1 月第 1 版第 1 次印刷 印数 1—1500 册 定价 88.00 元

（本书如有印装错误，我社负责调换）

国防书店：（010）88540777 书店传真：（010）88540776
发行业务：（010）88540717 发行传真：（010）88540762

可靠性新技术丛书编审委员会

主 任 委 员：康　锐

副主任委员：周东华　左明健　王少萍　林　京

委　　　员（按姓氏笔画排序）：

朱晓燕　任占勇　任立明　李　想

李大庆　李建军　李彦夫　杨立兴

宋笔锋　苗　强　胡昌华　姜　潮

陶春虎　姬广振　翟国富　魏发远

丛书序

可靠性理论与技术发源于20世纪50年代,在西方工业化先进国家得到了学术界、工业界广泛持续的关注,在理论、技术和实践上均取得了显著的成就。20世纪60年代,我国开始在学术界和电子、航天等工业领域关注可靠性理论研究和技术应用,但是由于众所周知的原因,这一时期进展并不顺利。直到20世纪80年代,国内才开始系统化地研究和应用可靠性理论与技术,但在发展初期,主要以引进吸收国外的成熟理论与技术进行转化应用为主,原创性的研究成果不多,这一局面直到20世纪90年代才开始逐渐转变。1995年以来,在航空航天及国防工业领域开始设立可靠性技术的国家级专项研究计划,标志着国内可靠性理论与技术研究的起步;2005年,以国家863计划为代表,开始在非军工领域设立可靠性技术专项研究计划;2010年以来,在国家自然科学基金的资助项目中,各领域的可靠性基础研究项目数量也大幅增加。同时,进入21世纪以来,在国内若干单位先后建立了国家级、省部级的可靠性技术重点实验室。上述工作全方位地推动了国内可靠性理论与技术研究工作。当然,随着中国制造业的快速发展,特别是《中国制造2025》的颁布,中国正从制造大国向制造强国的目标迈进,在这一进程中,中国工业界对可靠性理论与技术的迫切需求也越来越强烈。工业界的需求与学术界的研究相互促进,使得国内可靠性理论与技术自主成果层出不穷,极大地丰富和充实了已有的可靠性理论与技术体系。

在上述背景下,我们组织撰写了这套可靠性新技术丛书,以集中展示近5年国内可靠性技术领域最新的原创性研究和应用成果。在组织撰写丛书过程中,坚持了以下几个原则:

一是**坚持原创**。丛书选题的征集,要求每一本图书反映的成果都要依托国家级科研项目或重大工程实践,确保图书内容反映理论、技术和应用创新成果,力求做到每一本图书达到专著或编著水平。

二是**体系科学**。丛书框架的设计,按照可靠性系统工程管理、可靠性设计与实验、故障诊断预测与维修决策、可靠性物理与失效分析4个板块组织丛书的选题,基本上反映了可靠性技术作为一门新兴交叉学科的主要内容,也能在一定时期内保证本套丛书的开放性。

三是保证权威。丛书作者的遴选，汇聚了一支由国内可靠性技术领域长江学者特聘教授、千人计划专家、国家杰出青年基金获得者、973 项目首席科学家、国家级奖获得者、大型企业质量总师、首席可靠性专家等领衔的高水平作者队伍，这些高层次专家的加盟奠定了丛书的权威性地位。

四是覆盖全面。丛书选题内容不仅覆盖了航空航天、国防军工行业，还涉及了轨道交通、装备制造、通信网络等非军工行业。

本套丛书成功入选"十三五"国家重点出版物出版规划项目，主要著作同时获得国家科学技术学术著作出版基金、国防科技图书出版基金以及其他专项基金等的资助。为了保证本套丛书的出版质量，国防工业出版社专门成立了由总编辑挂帅的丛书出版工作领导小组和由可靠性领域权威专家组成的丛书编审委员会，从选题征集、大纲审定、初稿协调、终稿审查等若干环节设置评审点，依托领域专家逐一对入选丛书的创新性、实用性、协调性进行审查把关。

我们相信，本套丛书的出版将推动我国可靠性理论与技术的学术研究跃上一个新台阶，引领我国工业界可靠性技术应用的新方向，并最终为"中国制造2025"目标的实现做出积极的贡献。

康锐
2018 年 5 月 20 日

前言

近年来随着我国轨道交通系统的快速发展,目前城市轨道交通运营里程和高铁运营里程都已稳居世界第一。轨道交通设施已成为支撑"交通强国"国家战略实施的核心骨干基础设施,特别是"中国高铁"已成为我国自主创新的一个成功范例,领跑世界。安全是轨道交通系统正常运营的前提和核心竞争力,列车作为轨道交通运输系统位移功能的直接载体,其安全可靠性直接影响旅客的出行安全。近年来,高速高密度运营、复杂技术构成、系统间强耦合作用、复杂多变工况以及恶劣运行环境等因素对轨道交通列车的运营安全带来了前所未有的挑战。传统的基于经验、事故分析、统计推理的列车安全可靠性评估已无法满足现在列车复杂系统安全可靠性分析与优化提升的需求,全面系统加强轨道交通列车主动安全保障水平,促进安全保障模式从经验型、被动型向主动型、预测型模式转变已成为我国轨道交通系统发展大趋势。

基于以上国家行业迫切需求和重大问题挑战,本著作提出并创建了以面向多重不确定性的列车系统运行风险动态分析与关键部件辨识、基于信号处理与人工智能的列车关键部件服役状态辨识、基于数据驱动的列车关键部件寿命预测与实时可靠性分析、基于多态网络流的列车复杂系统可靠性评估以及基于复杂相关的列车系统多部件状态修优化等为核心的轨道交通列车运行安全可靠性分析与运维优化一体化理论体系,为建立轨道交通列车运行主动安全保障新模式提供了理论技术支撑。相关研究工作得到了国家自然科学基金重点项目"高速列车运行风险评估及调控基础理论与方法"、国家科技支撑计划课题"城轨交通路网运营安全保障关键技术与系统研制"、国家科技支撑计划子课题"下一代地铁列车系统安全可靠性及可用性评估方法研究"、国家重点研发计划子课题"面向主动安全的高速列车系统安全域分析理论方法研究"、教育部高等学校博士学科点专项科研基金(博导类)"基于安全域估计的轨道交通列车运行关键设备服役状态在线安全评估方法研究"等项目的持续支持,取得了一系列科研成果,其中部分成果获得了国家铁路局重大科技创新成果、国际发明金奖等科技奖励。

本书包括六章,第一章介绍研究的意义和该领域基本概念,第二章介绍轨道交通列车运行风险分析方法,第三章介绍基于多源信息融合的列车关键部件服役状态辨识,第四章介绍轨道列车关键部件实时可靠性分析,第五章介绍基于网络流理论的列车系统多态可靠性评估,第六章介绍轨道交通列车网络化运维决策支持技术。

衷心感谢国家科技部、交通运输部、国家铁路局、中国国家铁路集团有限公司、中国中车、广州地铁、北京地铁、上海地铁、北京交通大学轨道交通控制与安全国家重点实验室、运营主动安全保障与风险防控铁路行业重点实验室的支持和资助。在研究过程中,还得到了北京交通大学王志鹏、程晓卿教师,研究生寇淋淋、赵雪军、付勇、叶萌、王修齐、王小方的参与和帮助,在此一并表示诚挚的感谢!

限于作者水平,书中存在的疏漏和不足之处在所难免,恳请读者和同行批评指正。

秦勇
2022年1月于北京

目录

第1章 绪论 ·· 1

第2章 轨道交通列车系统安全与运行风险分析 ··· 4
  2.1 概述 ·· 4
  2.2 高速列车系统不确定性综合风险分析方法 ····································· 6
    2.2.1 高速列车系统综合风险分析指标体系 ······································ 7
    2.2.2 基于二型直觉模糊集与动态多准则妥协解排序(VIKOR)方法的
          列车系统综合风险分析及关键部件辨识方法 ····························· 14
    2.2.3 实例验证 ·· 20
  2.3 基于计算智能的高速列车运行风险动态分析方法 ··························· 25
    2.3.1 基于贝叶斯网络的高速列车运行风险动态分析 ························· 25
    2.3.2 基于随机森林的高速列车突发事件危害度预测 ························· 38
  2.4 小结 ··· 44
  参考文献 ·· 44

第3章 基于人工智能与信号处理的列车关键部件服役状态辨识 ················· 47
  3.1 概述 ··· 47
  3.2 基于人工智能的列车关键部件状态辨识 ······································· 50
    3.2.1 基于浅层迁移学习的关键部件辨识方法 ································· 50
    3.2.2 基于多源信息和卷积神经网络的关键部件状态辨识方法 ·············· 57
  3.3 基于信号处理方法的列车关键部件故障诊断方法 ··························· 70
    3.3.1 循环平稳基本理论 ··· 70
    3.3.2 循环相关熵与循环相关熵谱 ·· 71
    3.3.3 支持向量机原理 ·· 72
    3.3.4 基于频域峭度理论的故障特征提取技术 ································· 78
    3.3.5 仿真分析与验证 ·· 79
  3.4 小结 ··· 86
  参考文献 ·· 86

第4章 基于数据驱动的列车关键部件实时可靠性预测分析 ······················· 91
  4.1 概述 ··· 91
  4.2 基本概念 ··· 94

4.2.1 安全域 …… 94
　　4.2.2 马尔可夫过程 …… 95
4.3 方法框架 …… 95
　　4.3.1 Tsallis 熵特征提取 …… 96
　　4.3.2 模糊安全域划分方法 …… 96
　　4.3.3 基于时变马尔可夫过程的寿命预测及状态可靠性评估 …… 100
4.4 实例验证 …… 104
　　4.4.1 数据采集 …… 104
　　4.4.2 特征提取 …… 107
　　4.4.3 数据分段结果 …… 108
　　4.4.4 安全域状态识别 …… 108
　　4.4.5 时变马尔可夫过程模型 …… 112
4.5 小结 …… 114
参考文献 …… 114

第5章 基于网络流的列车系统多态可靠性分析评估 …… 120
5.1 概述 …… 120
5.2 多态网络流理论 …… 121
5.3 列车系统多态网络可靠性建模 …… 123
　　5.3.1 列车系统多态网络结构建模 …… 123
　　5.3.2 多态网络模型中边流量定义 …… 124
5.4 转向架系统介绍 …… 126
5.5 转向架系统可靠性分析 …… 127
　　5.5.1 转向架系统网络建模 …… 127
　　5.5.2 网络模型求解 …… 130
　　5.5.3 结果分析 …… 135
　　5.5.4 零部件重要计算 …… 137
5.6 小结 …… 138
参考文献 …… 139

第6章 轨道交通列车系统多部件状态修优化方法 …… 142
6.1 概述 …… 142
　　6.1.1 相关概念 …… 143
　　6.1.2 劣化过程描述模型 …… 143
　　6.1.3 部件间相依性 …… 144
　　6.1.4 维修效果 …… 145

6.1.5　维修决策变量、目标及优化方法 ·· 145
6.2　单部件状态维修策略优化建模 ·· 145
　　6.2.1　模型假设及优化结果形式 ·· 146
　　6.2.2　单部件健康状态转移概率 ·· 147
　　6.2.3　单部件维修方式集、维修周期集及维修成本集 ·· 150
　　6.2.4　单部件维修策略优化模型 ·· 151
6.3　多部件状态维修策略优化建模 ·· 153
　　6.3.1　多部件系统状态维修策略优化思路 ·· 154
　　6.3.2　模型假设及优化结果形式 ·· 154
　　6.3.3　多部件系统状态转移概率计算 ·· 155
　　6.3.4　不考虑相依性的多部件维修决策模型 ·· 156
　　6.3.5　部件间相依性建模 ·· 157
　　6.3.6　考虑相依性的多部件维修决策模型 ·· 158
　　6.3.7　多部件系统状态维修策略优化目标函数 ·· 161
6.4　算法 ·· 162
6.5　实例验证 ·· 164
　　6.5.1　实例描述 ·· 164
　　6.5.2　轴箱轴承检修策略优化结果分析 ·· 168
　　6.5.3　轮对轴箱装置检修策略优化结果分析 ·· 169
6.6　小结 ·· 175
参考文献 ·· 175

第1章

绪 论

随着我国"交通强国""国家综合立体交通网规划纲要"等国家战略的确定和实施,轨道交通作为骨干基础设施已成为支撑国家战略顺利实施的有力保障。特别是高速铁路系统对我国经济社会发展、国际社会地位提升起着不可替代的全局性支撑作用,截至2021年年底,我国高铁运营里程达4万km,形成了世界上最大的高铁基础设施网络,全国动车组保有量4153标准组33221辆,年发送旅客26.12亿人;我国城市轨道交通运营线路总长度7253.7km,43座已开通地铁城市总客运量236.02亿人次。国外轨道交通发达国家也高度重视轨道交通系统的发展,并将其定位为具有"零碳、零死亡"等绿色安全国际竞争力的陆路大容量交通基础设施。

安全是轨道交通列车运营的前提和核心竞争力,但高密度运营、复杂技术系统、强耦合作用关系以及恶劣环境等因素对轨道交通列车运营安全带来了巨大的挑战,全面、系统地加强轨道交通列车运行的全局预防性安全保障,促进安全保障模式从传统经验事后型向主动安全、自主化安全保障转变已成为我国轨道交通系统发展大趋势。目前交通强国建设的首要目标就是安全,围绕轨道交通领域科技创新,提出了"推广应用交通装备的智能检测/监测和运维技术"和"提升本质安全水平"等具体要求。中国高铁作为我国自主创新的一个成功范例,现在已经领跑世界,在"十四五"期间更要有大发展。因此,轨道交通列车系统安全保障理论技术体系已成为我国未来轨道交通建设与运营发展的重要研究方向和热点问题。

伴随着世界范围内轨道交通技术的快速发展,轨道交通列车的技术构成越来越复杂,其不同子系统、零部件多达4万多个且具有较强的相互依赖作用,是典型的复杂机械电子信息大系统;其日常运行在高速、高密度、重载荷、强冲击的恶劣工况下,设备服役性能变化快速且具有随机非线性,还经常面临着自然灾害、人为失误等外部环境因素的影响,因此对列车的安全运行带来了巨大的不确定性的风险甚至造成了灾难性的后果。例如,世界高铁史上最严重的事故是1998年6月3日发生在德国由慕尼黑开往汉堡的ICE884次高速列车上,由于其轮对的关键零部件轮箍性能劣化、破裂从而使设备故障连锁式传播扩散,最终造成列车在高速行驶中脱轨,101名乘客丧生。2002年11月6日,法国巴黎至维也纳高速列车由于列车电路系统短路故障引发了一节卧车车厢失火,造成12人死亡。2011年7月23日发生在我国高速铁路甬温线上的特别重大铁路交通事故,由于列车信号设备出现故障同时后续风险应急处置不力造成40人死亡,172人受伤。2017年12月11日,日本东海道山阳新干线高速列车"希望34号"在高速行驶中车辆转向架出现裂痕并导致齿轮箱漏油、车轮关节烧焦变黑,由于处置及时紧急停运未造成严重后果,被认定为新干线城市轨道交通重大隐患事故。城市轨道交通车辆运行安全形势也十分严峻,由于列车故障而直接导致的事故时有发生,严重阻碍着旅客的正常出行。2017年3月23日,深圳地铁1号线因列车车门设备故障,导致白石洲往机场东方向出现延误,造成列车延误时间超过20min。2018年1月11日早高峰时段,上海地铁9号线发生地铁列车设备故障,造成列车晚点20min以上,造成大批市民滞留地铁站,影响了城市运行的秩序。从以上例子可以看出,列车设备健康状态的劣化对轨道交通安全运行带来了巨大影响,其安全可靠性同时受包括设备构成、运行工况等内因以及自然灾害、人为失误等外因的多重复杂不确定性因素作用、影响。

轨道交通系统是人、机、环境和管理四方面互相作用的复杂工程技术系统,其安全可靠性贯穿了包括规划、设计、建造、运营、维护等全生命周期各环节;不仅要考虑单个设备或部件的安全性与可靠性,还要研究系统级的运营安全可靠性;同时随着现代信息通信和人工智能等新兴赋能技术的发展,轨道交通系统的智能化特征越来越明显,海量的实时安全监控数据为安全保障能力的提升提供了新的支撑和手段。

因此,现代的轨道交通列车安全可靠性研究更多的是从列车系统风险评估、列车关键部件服役状态辨识、列车关键部件实时可靠性分析、列车复杂系统可靠性计算以及列车多部件状态修优化等方面强化安全可靠性分析的实时性、个性化、多态性、复杂相关性以及健康状态提升优化等处理能力,从而构建出全新的基于数据与模型融合驱动的轨道交通列车安全可靠性智能分析方法体系。该体系是由"列车系统风险辨识与重要度分析、复杂工况下列车关键部件服役状态辨识、列车关键部件实时可靠性分析、复杂耦合条件下列车系统多态可靠性评估、列车多部件状态修优化提升方法"五个关键环节构成的闭环统一处理框架,如图1-1所示。

(1) 列车系统风险评估与重要度分析。列车整车系统是一个复杂的机电信息大系统,其零部件众多,且存在着相互耦合、时变和随机非线性等特点,同时还受到列车运行环境等因素的影响,需要研究能综合考虑列车系统综合风险因素的相关性、双重不确定性和动态特性的分析方法,还需进一步利用列车运用数据分析运行风险及后果程度。

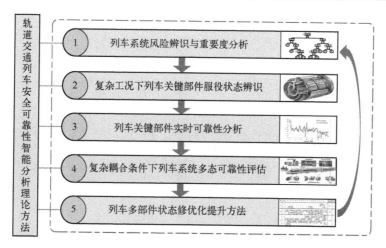

图 1-1　轨道交通列车安全可靠性智能分析闭环处理框架

(2) 复杂工况下列车关键部件服役状态辨识。列车关键部件其失效过程受到复杂运行工况和外部自然环境的共同作用,亟待研究在强干扰、非线性、变工况影响因素下的关键部件安全服役特征信号提取及其状态辨识方法。

(3) 列车关键部件实时可靠性分析评估。列车关键部件的实时可靠性是与部件性能退化过程正相关的,因此需研究高精度的关键部件性能退化预测模型,并在此基础上进行实时可靠性计算。

(4) 列车复杂系统多态可靠性分析。在定量分析列车系统各组分失效数据的基础上,揭示列车系统各组分之间的失效耦合机理,构建基于多态复杂网络的列车系统可靠性网络模型,并研究适用多源、多汇、多状态特征的复杂系统可靠性快速计算算法。

(5) 列车多部件状态修优化提升方法。为提升列车运用可靠性,亟待研究综合考虑维修相关性、健康状态的多部件预防性维修策略,建立列车多部件预防性机会维修集成策略优化模型以及在线维修优化快速求解算法。

本书通过对以上理论方法的研究,将揭示轨道交通列车安全风险因素的作用机理,建立基于数据与模型融合驱动的列车安全可靠性智能分析理论方法体系,提升列车健康状态和运行安全可靠性,为构建面向主动安全保障的列车安全可靠性分析调控新模式提供坚实的理论支撑,从而为保持我国在该领域研究的国际领先位置做出积极的贡献。

第 2 章

轨道交通列车系统安全与运行风险分析

2.1 概 述

迄今,轨道交通作为一种高速、舒适、节能环保的运输方式,其在世界交通中的地位日益上升。尤其是在中国,以高速列车为代表,截至 2017 年年底,其运输乘客总量已经超过 70 亿人次。而高速列车任何一种潜在的风险都可能造成人员的伤亡和财产的损失。因此,为更好地保障乘客的出行安全,需要实现基于目标的风险控制,以便更精确地检测和监测列车风险,这对高速列车风险分析至关重要。然而,从风险对象具体评判来说,高速列车风险可以分为以系统故障为核心的高速列车系统综合风险与以晚点事件为核心的高速列车运行风险。

1) 高速列车系统综合风险

目前,许多传统的系统综合风险分析的方法,如故障树分析[1]、事件树分析[2]、贝叶斯分析[3]、故障模式及其影响分析[4-5]及层次分析[6]等方法,已经在铁路风险分析中得到了广泛应用。然而,这些方法大多针对某一种故障或某一风险事件进行分析,采用的也是定性和静态的分析方法,无法满足轨道列车系统综合风险分析及关键部件辨识过程中的系统性、量化性和动态性的需求。轨道列车整车系统是一个复杂的机电信息大系统,其零部件众多,且存在着复杂的机械、电子、信息、控制等相互影响和耦合关系,同时具有时变性和随机非线性等特点;此外,轨道列车不仅受到本构风险的影响,还受到列车运行环境、人员操作失误等因素的影响。因此,在对轨道列车进行风险分析和关键部件辨识的过程中,迫切需要一种能够综合考虑列车系统综合风险因素的综合性、双重不确定性、动态性特征的分析方法。另外,分析的目的也是为了辨识出列车风险程度最高的关键部件并对其进行针对性的目标监测、风险管控以及制订更优质的维修计划。因此,轨道列车的风险分析和关键部件辨识需要对列车的所有部件进行风险排序和多阶段的风险分析。

在不同的风险分析方法中,从有些文献中发现以模糊多准则妥协解排序

（VIKOR）方法[7-10]为代表的多准则指标方法能够处理风险分析过程中专家评价的信息模糊的问题。通过对比发现,直觉模糊数能够以其隶属度、非隶属度和犹豫度3个方面特有的数据形式很好地表征专家信息的不确定性和模糊性。然而,在实际应用中,决策者很难精确地给出评价信息的隶属度和非隶属度等的具体数值,因此,学者们提出了二型直觉模糊数[11-13]来解决这方面的问题。

此外,上述讨论的方法仅仅是在静态的环境下进行风险分析的,然而这些方法忽视了分析过程中的动态性特征,在某种程度上得到的结果并不能完全反映真实的情况。轨道列车的风险伴随着设备状态的时变性、运行环境的变化、列车司机长时间的工作以及专家认知的变化等因素呈现出一种动态的特征。动态风险分析在不同的研究领域都有文献研究,Meel和Seider[14]通过更新设备风险概率来动态分析设备风险。此外,离散贝叶斯网络[15]、动态贝叶斯网络[16]以及动态故障树分析[17]等方法在风险概率动态分析中都有所应用。秦勇等[18]还提出了一种多阶段的动态风险分析框架,用来分析地铁车站的风险情况。

2）高速列车运行风险

随着"一带一路""交通强国"等国家政策文件的出台,我国高速铁路建设已然步入了新的阶段。截至2019年年底,我国高铁运营里程已达35000km,"四纵四横"的高速铁路基本网络已初步建成。但是随着路网结构越发复杂、运力资源越发紧张,设备故障、恶劣天气、人为干扰等风险因素给高速列车的正点运行带来了更大的挑战。作为高铁品牌核心竞争力之一,正点率的保障需引起国铁集团高度重视。

关于晚点预测方面的研究,现阶段的列车晚点预测模型可以分为静态（基于历史数据）的和动态（实时更新数据）的,以及基于确定性和随机性（考虑车站和区间的干扰）的。

近年来,部分学者已经将机器学习应用于预测问题。Markovic等[19]基于塞尔维亚铁路运营数据,提出了支持向量回归预测模型。该模型可捕获旅客列车到达晚点与铁路系统各种特征之间的关系,将与列车、时刻表、基础设施和行车间隔相关的7个特征作为输入元素来生成预测,并证明该模型比普通神经网络模型有更高的预测精度。

Oneto等[20]基于意大利铁路网的列车运行实际数据和天气信息等外部动态数据,使用机器学习方法来训练极限学习机器,即神经网络的特殊情况。其建立的晚点预测系统使用完全数据驱动的方法处理大规模网络,并通过新的差分隐私理论技术进行调整。

Corman等基于瑞典的繁忙干线列车运行实际数据,提出了一种基于贝叶斯网络的预测火车晚点传播的随机模型[21]。该模型实时获取信息、更新概率分布以减少未来列车晚点的不确定性,与仅基于从历史数据离线获得的固定值的常规预测方法相比,这是一种改进。曾壹[22]等基于北京铁路局某调度区段高速列车运行实际数据,设计了晚点的分类方法以及晚点传播路径的构建形式,利用多层感知神经网络模型预测列车晚点时长,但模型准确度会在突发事件条件下下降。

黄平[23]等基于广铁集团高速列车运行实际数据,利用随机森林算法,在晚点恢复影响因素不变的假设下,建立了高速列车初始晚点恢复时间预测模型,尚未考虑随时空变化的晚点致因导致晚点时间增长的情况。Nair[24]等基于德国客运列车运行实际数据,提出了用于预测列车晚点的大规模数据驱动的集成预测系统。该系统使用了随机森林模型、核回归模型和基于仿真的模型来生成列车延误的预测。其中,中观仿真模型考虑了运行图预留缓冲时间、列车接续、股道占用冲突、机车周转计划等因素的影响。

综上所述,现阶段基于机器学习的晚点预测模型在晚点致因的时空性、缓冲时间等内部因素对晚点恢复的影响等方面的考虑仍有不足。而贝叶斯网络能较好地反映变量间依赖关系,更好地揭示高铁列车初始晚点与晚点致因间的相关关系,提高预测准确度。

在交通运输的实际工程问题中,贝叶斯网络多用于风险评估、故障诊断及预测等领域。现阶段,应用贝叶斯网络对高铁列车的晚点研究主要集中在故障诊断方面,针对晚点预测方面的研究尚不多见。梁潇等[25]将基于专家经验的贝叶斯模型应用于武广线列控车载设备的故障诊断,从历史数据中获得故障征兆数据,并利用粗糙集理论进行属性约简,从而降低模型训练的复杂度。赵阳等[26]通过对高速铁路信号系统车载设备故障记录的信息挖掘,提出基于贝叶斯网络的故障诊断方法,并通过不同结构学习算法(K2算法马尔可夫链蒙特卡罗(MCMC)算法/专家知识)的比较获得最优的网络结构,最终通过与K近邻(KNN)算法和反向传播(BP)算法的结果对比证明了该方法的优越性。

另外,目前针对高速铁路突发事件的研究主要有两个方面:一是通过专家经验、事故树、领结图等定性或半定量方法分析特定的事故;二是根据不同的分类分级标准划分突发事件等级,制定相应的应急处置措施。但基于铁路实际数据分析突发事件对列车运行的宏观影响方面的研究较少,例如,研究突发事件的发生规律、分布规律和严重程度等。实际上,通过分析突发事件的自身时空规律和对列车晚点的影响,可以更客观地了解突发事件和列车运行的相互关系,制定出更合理、更有说服力的调度调整计划,避免突发事件影响列车正常行驶。

2.2 高速列车系统不确定性综合风险分析方法

本节致力于建立一种基于多目标风险因素、双重不确定性和多阶段动态分析的轨道列车系统风险分析和关键部件辨识方法框架。在每个分析阶段,风险因素的信息通过连续监测变化的具体数值和不同阶段专家的风险认知给予的评价值进行更新,本节提出了一种基于动态多准则妥协解排序理论和三角直觉模糊数的轨道列车系统综合风险分析和关键部件辨识方法。

2.2.1 高速列车系统综合风险分析指标体系

高速列车系统综合风险分析与关键部件辨识的目的是:基于既有的维修计划,对列车的所有部件进行多阶段的风险分析和风险排序。而高速列车作为一种部件众多、关联关系复杂的机电大系统,其运行风险主要受到包括设备构成、健康状态、运行工况等内因以及自然灾害、人为失误等外因的多重复杂不确定性因素作用影响。因此,高速列车系统综合风险分析与关键部件辨识可以通过构建高速列车系统综合风险分析及关键部件辨识指标体系,并通过基于动态 VIKOR 理论和三角直觉模糊数的方法,对列车每个部件进行综合风险排序,辨识出关键部件。

2.2.1.1 指标体系

影响高速列车运行的因素多种多样,本书大致将影响列车运行的因素分为列车系统内部因素与列车运行外界因素。

关于高速列车系统内部影响列车运行的因素,需要考虑列车系统部件风险状态与工况条件的时变特点。因此,高速列车系统内部影响因素可以包括平均故障间隔时间(mean time between failure, MTBF)/平均故障间隔里程(mean distance between failure, MDBF)、平均修复时间(mean time to repair, MTTR)、维修费用、故障监控度、相关性风险以及故障系统、人身和环境安全的影响 6 个方面的因素。

平均故障间隔时间/平均故障间隔里程是指系统或部件两次相邻故障间的平均工作时间或走行里程。高速列车系统平均故障间隔时间/平均故障间隔里程是指一台或多台设备在其使用寿命期内的累计工作时间或走行里程与故障次数之比。平均故障间隔时间/平均故障间隔里程描述了高速列车部件发生故障的可能程度。

另外,平均修复时间、维修费用,以及故障系统、人身和环境安全的影响因素描述了高速列车部件发生故障的严重程度。平均修复时间是排除故障所需实际时间的平均值,即高速列车部件修复一次平均耗费的时长。排除故障的实际时间主要包括准备、检测诊断、修复、换件和校验等需要的时间,不包括由于行政管理或后勤供应方面延误所需要的时间。由于修复时间是随机变量,因此用修复时间的均值或数学期望描述平均修复时间。高速列车部件的维修费用可以用年平均维修费用表示,即部件在规定使用时间内的平均维修费用与平均工作年限的比值。根据需要,也可用每工作小时的平均维修费用表示。故障对系统、人身和环境安全的影响可以根据国际标准 IEC 62278—2002(国家标准 GB/T 21562—2008)中对轨道交通产品事故的严重等级及其后果的划分打分。

故障监控度描述的是高速列车部件的故障监控程度。为了及时发现部件的异常状态,一般都会通过一些监测手段对其进行检测,但是,由于故障的发生机理不同以及技术手段的限制,并不是所有故障都有可能在第一时间发现,而部件的检测能够及时反映部件的状态,这与高速列车的安全性息息相关。

高速列车部件的平均故障间隔时间/平均故障间隔里程、平均修复时间、维修费用、故障监控度以及故障对系统、人身和环境安全的影响5个方面的因素可以被归类到列车系统内部固有的风险影响因素。此外,高速列车通过耦合系统部件之间的多种作用关系形成复杂机电一体化系统,若其中一个部件的失效会引发与其相关联的部件产生级联失效的现象。因此,本章需要通过建模分析高速列车部件的相关性风险。

关于高速列车系统外界影响列车运行的因素,需要考虑高速列车运行环境因素和人为操作因素等。列车运行环境包括自然环境和设备设施环境等。因此,高速列车系统外界影响因素可以包括人员操作技能、人员精神状态、自然环境风险以及基础设施风险4个方面的因素。

轨道交通相关人员的操作技能通常与其年龄、文化程度、职称等因素有关,随着相关人员文化程度、职称等的提高,其经验和操作技能熟练度和了解水平也会上升。而相关人员的年龄并不一定越大越好,40岁是相关人员操作技能的重要分界线,40岁以上人员的反应、行动都会有所下降。因此,根据实际情况针对相关人员的年龄、文化程度、职称等因素进行打分。另外,由于以上打分等级并不够全面准确,因此如果相关部门定期对相关工作人员进行操作技能考核,可以直接获得考核分数,求得考核的人均分数,可直接作为相关人员操作技能指标值。这种方法,能够更全面、准确地了解人员的操作技能,因此在实际情况中推荐使用。

轨道交通相关人员的精神状态与其工作时长有关。高速列车司机连续工作时长超过一定时间精神状态会降低,导致工作效率下降。对于维修人员,每昼夜入库列车在14列及以上的车辆段实行三班半制;每昼夜入库列车为8列及以上但不到14列的实行三班制;每昼夜入库列车不足8列的,根据实际工时实行两班半制或两班制。

对于高速列车运行的自然环境来说,列车运行中由于所服务的线路不同,所在区域条件不同,因此对高速列车系统及部件造成的影响并不一样,但是自然环境因素对高速列车的影响由于车型的不同,影响程度也不一样。例如,四方机车辆有限责任公司生产的部分CRH2型动车组运用的最低环境温度为$-20℃$,如果温度过低会影响其运行,而长春轨道客车股份有限公司生产的部分CRH5型列车却可以在最低温度$-40℃$的情况下运行,因此,自然环境风险指标需要根据不同车型进行评价,可以考虑温度、湿度和天气情况等。相关天气情况可以考虑风、雨、雪、沙尘等状况,根据气象部门的分级,可以获得各种天气的等级,为专家的综合评价提供参考和依据。

影响高速列车运行安全的基础设施因素涉及较多方面,如线路、桥梁、电气设施、信号设施等。考虑到高速列车线路中的不平顺不仅会影响乘客旅行的舒适度,甚至会影响列车的运行以及系统及部件的正常状态,对高速列车的运行安全影响较大,且指标量化较为方便。因此选择轨道平顺度作为高速列车运行安全的基础设施风险指标进行计算。轨道的平顺状态可以用轨道质量指数(track quality index,TQI)来评价,TQI 是高低、轨向、轨距、水平和三角坑的动态检测数据的统计结果,值的大小反映出轨道的平顺性,TQI 越大表示轨道的平顺度越差,波动性越大。各单项的统计值同样也反映出该单项几何不平顺的程度[27]。

如图 2-1 所示,高速列车系统综合风险分析及关键部件辨识指标体系包含平均故障间隔里程、平均修复时间、平均维修费用、故障监控度、故障对系统人身和环境安全的影响、相关性风险、人员操作技能、人员精神状态、自然环境风险以及 TQI 10 项风险因素指标。其中,平均故障间隔里程、平均修复时间、平均维修费用、相关性风险、人员操作技能、人员精神状态及 TQI 7 项指标可以通过具体的计算公式得到风险结果[28],具体计算方式可见表 2-1;而故障监控度、故障对系统人身和环境安全的影响及自然环境风险无法通过具体的数值和公式得到精确的风险结果,因此需要通过模糊理论来描述和表征。

表 2-1 高速列车系统综合风险分析及关键部件辨识指标汇总

编号	指标名称	数据类型	指标类型	计算公式
C_1	MDBF	数值	效益型	$\text{MDBF} = \sum L/N_f$
C_2	MTTR	数值	成本型	$\text{MTTR} = \sum_{i=1}^{n} t_i/n$
C_3	故障对系统人身和环境安全的影响	模糊	成本型	—
C_4	平均维修费用	区间数	成本型	$R_c = \overline{C}/T$
C_5	故障监控度	模糊	效益型	—
C_6	相关性风险	数值	成本型	$\text{CR} = \sum_{j=1}^{5} w_j C_j$
C_7	人员操作技能	数值	效益型	$S_{rc} = \sum_{i=1}^{3} n_{1i}\varepsilon_i/N + \sum_{i=1}^{5} n_{2i}\lambda_i/N + \sum_{i=1}^{5} n_{3i}\eta_i/N$
C_8	人员精神状态	数值	效益型	$Y_i = 1 + \sin(2\pi X/23)$
C_9	自然环境风险	模糊	成本型	—
C_{10}	TQI	数值	成本型	$\text{TQI} = \sum_{i=1}^{n}\sqrt{\sum_{j=1}^{n}(x_{ij}-\bar{x}_i)^2/n}$

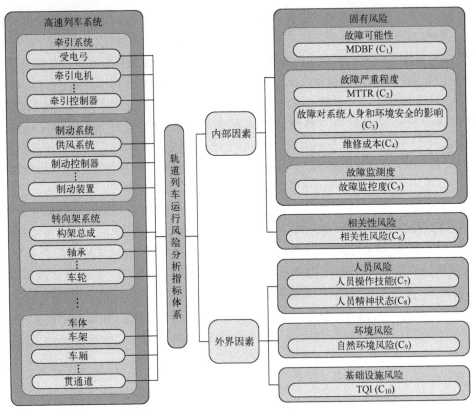

图 2-1　高速列车系统综合风险分析及关键部件辨识指标体系

2.2.1.2　相关性风险指标

高速列车部件众多,且系统部件之间存在着多种耦合作用关系,因此,本节提出基于列车系统网络结构特征和部件失效率分析相关性风险指标。

在近些年的文献中,基于复杂系统的结构特征的复杂网络理论在机电系统的相关性风险分析中已有所应用[29-31]。大部分的研究针对单层网络,分析网络的度、聚集系数、特征中心性等结构指标。然而,高速列车系统同时存在机械相关性、电气相关性以及信息相关性等多重相关关系,单层的复杂网络并不能完整地描述高速列车系统的多重相关关系。因此,本章采用具有同一节点不同关联边的多层子网络的多重网络[32]来描述和表征高速列车系统的多重相关关系。

在高速列车系统中,部件的相互作用有很多种,通过这些相互作用某一部件的功能正常与否将影响另一部件的运行。但是,一个部件的功能有多种,某一功能的丧失或不完整可能并不会影响另一功能的正常作用。例如,转向架系统中牵引电机的信息传递功能失效并不会影响与牵引电机连接的联轴节的功能,而是会导致对应连接的速度传感器的失效。因此,需要对这些功能进行划分,将同一功能的相互作用关系置于同一层,从而形成多重网络,便于研究。在轨道交通系统中,部件之间通过物质、信息、能量的交换实现特定的功能,为了便于理解,将连接方式分为机械连接、电气连接和信息连接3种。

（1）机械连接:通过紧固件将各部件连接起来,可以分为可拆卸和不可拆卸的连接。可拆卸连接主要通过螺栓、螺柱、螺钉等连接;不可拆卸连接主要通过铆接、焊接、胶接等连接两个部件。

（2）电气连接:通过不同导体将各部件连接在一起,依靠适当的机械作用力,保证电能由某一部件传送至另一部件完成规定功能的连接方式。主要包括电缆电线、接线端子、电线固定装置、电线护套等。

（3）信息连接:通过传输介质将命令、状态等信息从发送方传递到接收方的连接方式,可分为无线和有线两种。

同时,高速列车系统同一部件不同功能之间也存在着层间的相互关系,即层间连接不同于层内连接,多数为同一部件通过层间连接将不同功能集成,表示各层之间的关系。也可以理解为同一部件的某一功能与另一功能之间的相互关系。因此,本章以高速列车系统部件为节点,以部件之间的相关关系和相互作用为连接边,构建高速列车系统多重网络模型,如图2-2所示是多重网络模型的示意图。

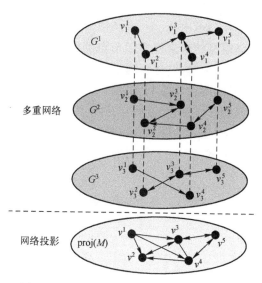

图2-2 高速列车系统多重网络模型示意图

高速列车系统多重网络可描述为 $M=(g,c)$，g 是多重网络各子网的集合，C 是各子网间连接边集，可描述为

$$g=\{G_\alpha=(V_\alpha,E_\alpha);\alpha\in\{1,2,3\}\} \tag{2-1}$$

式中：$G_\alpha=(V_\alpha,E_\alpha)$ 为第 α 层由节点 V_α 和节点 E_α 之间的关联边构成；V_α 和 E_α 分别为节点和边的集合，集合 V 中的元素用小写 v 表示。

M 由机械层 $G^1=(V^1,E^1)$、电气层 $G^2=(V^2,E^2)$ 和信息层 $G^3=(V^3,E^3)$ 构成，$\mathrm{proj}(M)$ 是各层网络的投影汇集成的综合网络，包含了 3 层网络中各层相关关系和相互作用。高速列车多重网络的各层节点以 $V_\alpha=\{v_1^\alpha,v_2^\alpha,\cdots,v_n^\alpha\}$ 表示，网络连接边是有向边，表示部件之间的作用流向，可以为层内连接边 E_{ij}^α 和层间连接边 $E_{ij}^{\alpha\beta}$。各子网间连接边集 c 可描述为

$$c=\{E_{\alpha\beta}=\cup E_{ij}^{\alpha\beta}\subseteq V_\alpha\times V_\beta;\alpha,\beta\in\{1,2,\cdots,m\},\alpha\neq\beta\} \tag{2-2}$$

式中：$E_{\alpha\beta}$ 为 α 层和 β 层层间连接边；V_α 和 V_β 分别为 α 层和 β 层节点集合。

$V_\alpha=\{v_1^\alpha,v_2^\alpha,\cdots,v_{N_\alpha}^\alpha\}$ 和 $E_\alpha=\cup E_{ij}^\alpha$ 分别是 α 层节点集和内边集，$E_{ij}^{\alpha\beta}$ 是 α 与 β 层间连接边。G_α 的邻接矩阵记为 $A^{[\alpha]}=(a_{ij}^\alpha)\in\mathbb{R}^{N_\alpha\times N_\alpha}$（$\mathbb{R}^{N_\alpha\times N_\alpha}$ 表示邻接矩阵所有边的集合），其中

$$\begin{cases}a_{ij}^\alpha=1 & ((v_i^\alpha,v_j^\alpha)\in E_\alpha)\\ a_{ij}^\alpha=0 & (\text{其他})\end{cases} \tag{2-3}$$

$E_{ij}^{\alpha\beta}$ 的邻接矩阵记为 $A^{[\alpha,\beta]}=(a_{ij}^{\alpha\beta})\in\mathbb{R}^{N_\alpha\times N_\beta}$，其中

$$\begin{cases}a_{ij}^{\alpha\beta}=1 & ((v_i^\alpha,v_j^\beta)\in E_{\alpha\beta})\\ a_{ij}^{\alpha\beta}=0 & (\text{其他})\end{cases} \tag{2-4}$$

通常来说，多重网络模型的研究经常以节点的度值、聚类系数、接近中心性和特征向量中心性等结构指标为基础，分析网络的结构可靠性特征。然而，高速列车系统中的各个部件都有其实际的功能行为特征，这些行为特征会影响整个列车运行的安全状态，并呈现出随时间变化的动态特性。因此，本章在高速列车系统多重网络模型的结构特征和部件实时故障状态的基础上提出了网络动态特征来分析列车系统各个部件的风险状态，表 2-2 所列的是高速列车系统多重网络动态特征指标。

表 2-2 高速列车系统多重网络动态特征指标

特征指标	计算公式
$K(i)$	$K(i)=\overline{\lambda_i}k_i=\sum_{j=1}^m\overline{\lambda_i}a_{ij}$
$C(i)$	$C(i)=2\sum_{j=1}^m\overline{e_{ij}}/k_i(k_i-1)$

续表

特征指标	计算公式
$C_D(i)$	$C_D(i) = (m-1)/\sum_{j=1}^{m} \overline{d_{ij}}$
$C_E(i)$	$C_E(i) = \sum_{j=1}^{m} \overline{\lambda_i} a_{ij} x_j / \lambda$
$I(i)$	$I(i) = 1 - E_i/E_0$

在表2-2中，$K(i)$是多重网络节点的失效度，是网络中节点v_i的拓扑度值和故障率的乘积，表示节点v_i故障后其邻居节点受影响的平均范围。$C(i)$是多重网络节点的失效聚类系数，表示节点v_i故障时网络的聚集程度，其中$\overline{e_{ij}}$是节点v_i故障后网络正常连接边的数量。$C_D(i)$是多重网络节点的失效接近中心性，描述的是节点v_i故障后节点v_i与其他所有节点最短失效路径之和$\overline{d_{ij}}$的倒数。$C_E(i)$是多重网络节点的故障特征向量中心性，描述的是节点v_i故障后网络邻接矩阵对应最大特征值的特征向量指标，是节点v_i故障后邻居节点对该节点的影响。λ是邻接矩阵对应最大特征值。$I(i)$是节点故障后网络的相继故障风险指标，反映的是v_i故障后网络效率变化情况，E_0和E_i分别是多重网络正常情况下和v_i故障后的网络效率。

上述的5个高速列车系统多重网络动态特征指标描述的是高速列车系统基于部件故障状态的动态特征，能够更好地分析高速列车系统风险和辨识列车关键部件。由于高速列车部件相关性风险指标是定量指标，且为了便于理解，因此在高速列车运行风险分析和关键部件辨识过程中将部件相关性风险指标综合成一个指标，那么首先需要确定各风险指标的权重。为了减少主观因素对指标权重确定的影响，使其能够客观地反映评价对象之间的真实关系，这里使用主成分分析法[33]。使用主成分分析法确定权重的步骤如下：

（1）建立评价指标矩阵 $Y = \begin{bmatrix} y_{11} & \cdots & y_{1p} \\ \vdots & \ddots & \vdots \\ y_{n1} & \cdots & y_{np} \end{bmatrix}$，其中$n$为被评价的节点数，$p$为评价指标数。

（2）对矩阵Y进行标准化处理。由于节点重要度指标全部为效益型指标，因此直接进行无量纲化处理，可以用Z分数（Z-score）法对数据进行标准化处理

$$Z_{ij} = (y_{ij} - \overline{y}_{ij})/S_j \qquad (2-5)$$

式中：$\overline{y}_{ij} = \dfrac{\sum_{j=1}^{n} y_{ij}}{p}$；$S_j = \dfrac{\sum_{i=1}^{n}(y_{ij} - \overline{y}_{ij})^2}{p-1}$。

（3）求标准化后矩阵Z的相关系数矩阵：

$$R = \frac{Z^T Z}{p-1} = (r_{ij})_{q \times q} \qquad (2-6)$$

式中：$(r_{ij})_{q \times q}$ 为相关系数。

（4）求特征值 λ_j。用雅可比方法求相关系数矩阵 R 的特征值，得到 q 个特征值：$\lambda_1 \geq \lambda_2 \geq \cdots \geq \lambda_q \geq 0$。

（5）求特征向量和主成分个数 m。为了使信息利用率达到85%以上，根据主成分贡献率 $\sum_{j=1}^{m} \lambda_j / \sum_{j=1}^{q} \lambda_j \geq 0.85$，求得 m。然后对每个 $\lambda_j (j=1,2,\cdots,m)$ 求解方程 $Rb = \lambda_j b$，得到单位特征向量 $b_j^0 = b_j / |b_j|$。

（6）确定各相关性风险指标权重 w_j。

$$w_j = \frac{\sum_{1}^{m} f_i \lambda_i}{\sum_{1}^{m} \lambda_i} \qquad (2-7)$$

式中：f_j 为第 j 个评价指标所对应的第 i 个主成分的值。因此，部件 i 的相关性风险值可以为

$$CR = \sum_{j=1}^{5} w_j C_j \qquad (2-8)$$

综上所述，高速列车系统部件的相关风险指标主要针对高速列车系统中各部件之间的相互作用和相互关系以及部件状态的重要性。

2.2.2 基于二型直觉模糊集与动态多准则妥协解排序（VIKOR）方法的列车系统综合风险分析及关键部件辨识方法

本节主要论述的是高速列车系统综合风险分析及关键部件辨识方法的基本框架。主要分为两部分：第一部分涉及混合模糊决策矩阵的构建过程；第二部分是动态 VIKOR 方法的具体分析流程。如图 2-3 所示是高速列车系统综合风险分析及关键部件辨识方法流程图。

2.2.2.1 混合模糊矩阵的构建过程

在高速列车系统综合风险分析及关键部件辨识指标体系中，同时存在定量分析指标和定性分析指标。对于故障监控度、故障对系统人身和环境安全的影响及自然环境风险这 3 个分析指标，无法通过具体的数值和公式得到精确的风险结果，因此需要通过模糊理论来描述和表征。本章内容将采用三角直觉模糊集分析高速列车系统综合风险分析及关键部件辨识过程中涉及的不确定性指标问题。针对三角直觉模糊数的隶属度函数和非隶属度函数本身是三角模糊数，整体而言是一种模糊的模糊，能够很好地适应高速列车系统综合风险分析及关键部件辨识过程中的双重不确定性问题，能够最大限度地减少专家们主观判断的缺陷和误差。一般

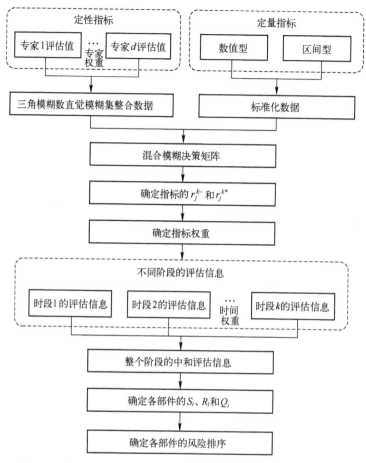

图 2-3 高速列车系统综合风险分析及关键部件辨识方法流程图

来说,三角直觉模糊数可以表示为

$$\vec{A} = \{<x, \mu_{\vec{A}}(x), \nu_{\vec{A}}(x)> | x \in X\} \quad (2-9)$$

式中:$\mu_{\vec{A}}(x)=(\mu_{\vec{A}}^1(x),\mu_{\vec{A}}^2(x),\mu_{\vec{A}}^3(x))$ 为 $\vec{A}$ 的隶属度函数;$\nu_{\vec{A}}(x)=(\nu_{\vec{A}}^1(x),\nu_{\vec{A}}^2(x),\nu_{\vec{A}}^3(x))$ 为 $\vec{A}$ 的非隶属度函数,并满足 $\mu_{\vec{A}}(x):X\rightarrow[0,1]$,$\nu_{\vec{A}}(x):X\rightarrow[0,1]$。

在整个分析过程中,专家在每个阶段对定性指标进行评分估值并转化为三角直觉模糊数。定义三角直觉模糊数 $\vec{A}$ 的形式为 $((a_{l1},a_{m1},a_{r1}),(b_{l1},b_{m1},b_{r1}))$,$(a_{l1},a_{m1},a_{r1})$ 和 (b_{l1},b_{m1},b_{r1}) 分别是 $\vec{A}$ 的隶属度和非隶属度,表示专家对该项指标的肯定程度和否定程度。针对故障监控度、故障对系统人身和环境安全的影响及自然环境风险这3个定性分析指标,分别以三角直觉模糊数的形式进行标定,具体的语义转化如表2-3~表2-5所列。部件故障对系统、人身和环境安全的影响依据标准 IEC 62278 对地铁列车事故严重等级及其后果划分;部件故障监控程度可用部件故障监控性评价表进行评价;环境影响综合温湿度与极端天气指标在风力、降雨降雪及沙尘暴等级评价表下分 5 个等级进行计算。

表 2-3 部件故障监控程度评估转化表

三角直觉模糊集	语义标量
((0.0,0.0,0.3),(0.6,0.8,1.0))	非常容易(VE)
((0.1,0.3,0.5),(0.4,0.6,0.8))	容易(E)
((0.3,0.5,0.7),(0.2,0.4,0.6))	一般(SU)
((0.5,0.7,0.9),(0.0,0.2,0.4))	困难(D)
((0.7,1.0,1.0),(0.0,0.0,0.2))	非常困难(VD)

表 2-4 部件故障对系统、人身和环境安全的影响评估转化表

三角直觉模糊集	语义标量
((0.0,0.0,0.3),(0.6,0.8,1.0))	非常轻微(S)
((0.1,0.3,0.5),(0.4,0.6,0.8))	轻微(L)
((0.3,0.5,0.7),(0.2,0.4,0.6))	一般(SU)
((0.5,0.7,0.9),(0.0,0.2,0.4))	严重(F)
((0.7,1.0,1.0),(0.0,0.0,0.2))	非常严重(D)

表 2-5 环境影响评估转化表

三角直觉模糊集	语义标量
((0.0,0.0,0.3),(0.6,0.8,1.0))	非常安全(VS)
((0.1,0.3,0.5),(0.4,0.6,0.8))	安全(S)
((0.3,0.5,0.7),(0.2,0.4,0.6))	一般(SU)
((0.5,0.7,0.9),(0.0,0.2,0.4))	严重(H)
((0.7,1.0,1.0),(0.0,0.0,0.2))	非常严重(VH)

例如,本节定义"非常安全"(VS)——((0.0,0.0,0.1),(0.8,0.8,0.9))、"安全"(S)——((0.1,0.2,0.3),(0.6,0.7,0.8))、"一般"(SU)——((0.3,0.4,0.5),(0.4,0.5,0.6))、"危险"(H)——((0.5,0.6,0.7),(0.2,0.3,0.4))以及"非常危险"(VH)——((0.7,0.8,0.9),(0.0,0.1,0.2))来对自然环境风险进行评分和估值。图 2-4 展示的是自然环境风险指标的评分标准,分为非常安全、安全、一般、危险和非常危险 5 个等级,其中实线描述的是该指标的隶属度,虚线描述的是非隶属度。

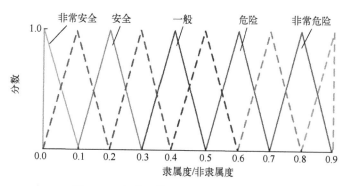

图 2-4 自然环境风险指标的评分标准

每个专家对同一指标进行评分估值,专家的权重可以通过专家信用度计算[34]。

$$B_s^k(\pi) = -\left[\left(\sum_{i=1}^{n}\sum_{j=1}^{m}\pi_{sij}^k\right)\ln\left(\sum_{i=1}^{n}\sum_{j=1}^{m}\pi_{sij}^k\right)\right]^{-1} \quad (2\text{-}10)$$

$$\lambda_s^k = \frac{B_s^k(\pi)}{\sum_{s=1}^{d}B_s^k(\pi)} \quad (2\text{-}11)$$

式中:λ_s^k 为阶段 k 的专家权重;$B_s^k(\pi)$ 为阶段 k 的专家信任度;π_{sij}^k 为阶段 k 的评价信息中的犹豫度,它与专家评价信息的不确定性程度成反比。

$$\pi_{sij}^k = 1 - \mu_{sij}^k - \nu_{sij}^k \quad (2\text{-}12)$$

表 2-1 所列的高速列车系统综合风险分析及关键部件辨识指标中,指标 4(平均维修费用)是一种区间数值,可以表示为 $[a_1^L, a_1^U]$。其中,a_1^L 和 a_1^U 分别表示数据范围的上限值和下限值。通常,在数据整理过程中,定量性的指标值需要进行数据的归一化,变换成 0~1 的数值。以下两式分别展示了效益型指标和成本型指标的数据归一化方式:

$$r_{ij}^k = u_{ij}^k / \max u_{ij}^k \text{ 或 } r_{ij}^k = [u_{ij}^{kL}/\max u_{ij}^{kL}, u_{ij}^{kU}/\max u_{ij}^{kU}] \quad (2\text{-}13)$$

$$r_{ij}^k = u_{ij}^k / \min u_{ij}^k \text{ 或 } r_{ij}^k = [u_{ij}^{kL}/\min u_{ij}^{kL}, u_{ij}^{kU}/\min u_{ij}^{kU}] \quad (2\text{-}14)$$

式中:r_{ij}^k 为归一化后的定量评价值;u_{ij}^k 为归一化前的定量评价值;u_{ij}^{kL} 和 u_{ij}^{kU} 为归一化前的评价值的上、下限值。

此时,可以将这些不同指标下的评价值构建成指标评估矩阵。每一个评估阶段最终的混合评估矩阵 $\boldsymbol{R}^k$ 由评价对象、评价标准、评价值(包括定性和定量信息)组成。

$$R^k = \begin{array}{c} \\ A_1 \\ A_2 \\ \vdots \\ A_n \end{array} \begin{bmatrix} C_1 & C_2 & \cdots & C_m \\ r_{11}^k & r_{12}^k & \cdots & r_{1m}^k \\ r_{21}^k & r_{22}^k & \cdots & r_{2m}^k \\ \vdots & \vdots & \ddots & \vdots \\ r_{n1}^k & r_{n2}^k & \cdots & r_{nm}^k \end{bmatrix} \tag{2-15}$$

$$W_j^k = [\omega_1^k, \omega_2^k, \cdots, \omega_m^k], D_s = [D_1, D_2, \cdots, D_d] \tag{2-16}$$

式中：A_i 为评估对象；C_j 为评估指标准则；D_s 为评估专家；r_{ij}^k 为在时段 K_k 下的综合评估值；W_j^k 为相应评估指标 C_j 的权重。

2.2.2.2 动态 VIKOR 方法

VIKOR 方法通过最大群体效用、最小个体遗憾计算各个部件的妥协解。然而，通常 VIKOR 方法是在静态的环境中对评估对象进行分析和处理，并不能满足高速列车系统风险分析和关键部件辨识的内在需求，因此，在最终的混合模糊决策矩阵 R^k 的基础上，本节提出一种基于多阶段的动态 VIKOR 方法分析高速列车系统风险并进行关键部件的辨识。具体的分析流程如下。

步骤 1：确定评估指标的正理想解和负理想解。

采用动态 VIKOR 方法求解时，需要计算评估指标的正理想解和负理想解，以此作为评估的中间参数，为后续计算奠定基础。

针对效益型评估指标：

$$r_j^{k*} = \max_i r_{ij}^k, \quad r_j^{k-} = \min_i r_{ij}^k \tag{2-17}$$

针对成本型评估指标：

$$r_j^{k*} = \min_i r_{ij}^k, \quad r_j^{k-} = \max_i r_{ij}^k \tag{2-18}$$

步骤 2：确定不同评估阶段下的指标权重。

针对最终的混合模糊决策矩阵 R^k，每个评估指标需要基于指标权重进行折中排序，本章采用熵权法[35]对提出的 10 个评估指标的权重进行求解。针对不同数据类型的指标，计算不同评估阶段下的指标 C_j 的集结因子 $\tilde{r}_{Nj}^k$、$\tilde{r}_{Ij}^k$、$\tilde{r}_{Tj}^k$ 分别是精确数型、区间数值型及三角直觉模糊数型指标的集结因子。

$$\tilde{r}_{Nj}^k = (r_{1j}^k + r_{2j}^k + \cdots + r_{Nj}^k)/n \tag{2-19}$$

$$\tilde{r}_{Ij}^k = \left[\sum_{i=1}^n r_{ij}^{kL}/n, \sum_{i=1}^n r_{ij}^{kU}/n \right] \tag{2-20}$$

$$\tilde{r}_{Tj}^k = \left(\left(\prod_{i=1}^n (a_{lij}^k)^{1/n}, \prod_{i=1}^n (a_{mij}^k)^{1/n}, \prod_{i=1}^n (a_{rij}^k)^{1/n} \right), \left(1 - \prod_{i=1}^n (1 - b_{lij}^k)^{1/n}, \right. \right.$$
$$\left. \left. 1 - \prod_{i=1}^n (1 - b_{mij}^k)^{1/n}, 1 - \prod_{i=1}^n (1 - b_{rij}^k)^{1/n} \right) \right) \tag{2-21}$$

通过集结因子可以计算不同评估阶段下每个指标 C_j 的熵 e_j^k。

$$e_j^k = \frac{-\sum_{i=1}^{n} \frac{d(r_{ij}^k, \tilde{r}_j^k)}{\sum_{i=1}^{n} d(r_{ij}^k, \tilde{r}_j^k)} \ln\left[\frac{d(r_{ij}^k, \tilde{r}_j^k)}{\sum_{i=1}^{n} d(r_{ij}^k, \tilde{r}_j^k)}\right]}{\ln(n)} \tag{2-22}$$

式中：$d(r_{ij}^k, \tilde{r}_j^k)$ 为评估指标 r_{ij}^k 与集结因子 $\tilde{r}_j^k$ 之间的距离。

因此，不同评估阶段下的评估指标的权重可以为

$$\omega_j^k = 1 - e_j^k \Big/ \sum_{j=1}^{m} (1 - e_j^k) \tag{2-23}$$

步骤3：计算不同评估阶段的阶段权重。

针对整个分析评估过程，每一个评估阶段下的混合模糊矩阵 $\boldsymbol{R}^k$ 需要通过阶段权重进行整合。本章同样采用熵权法[35]计算不同评估阶段的阶段权重。

$$\bar{r}^k = E\left[\sum_{j=1}^{m} (r_{ij}^k/m)\right] \tag{2-24}$$

$$e^k = -\frac{\sum_{j=1}^{m} \frac{d(\tilde{r}_j^k, \bar{r}^k)}{\sum_{j=1}^{m} d(\tilde{r}_j^k, \bar{r}^k)} \ln\left[\frac{d(\tilde{r}_j^k, \bar{r}^k)}{\sum_{j=1}^{m} d(\tilde{r}_j^k, \bar{r}^k)}\right]}{\ln(n)} \tag{2-25}$$

$$\eta^k = 1 - e^k \Big/ \sum_{k=1}^{K} (1 - e^k) \tag{2-26}$$

式中：η^k 为不同评估阶段的阶段权重；$\bar{r}^k$ 为不同阶段的指标集结因子；e^k 为不同阶段的熵值。

步骤4：辨识列车系统关键部件。

基于整个评估过程的风险信息，计算每个部件的最大群体效用 S_i、最小个体遗憾 R_i 以及综合风险值 Q_i。按照通常的 VIKOR 方法，需要对计算得到的 Q_i 值进行从小到大排序。本章的评估指标同时存在效益型指标和成本型指标，计算结果会与效益型的指标需求一致，即得到的是风险最小的部件。本章需要辨识高速列车系统风险最大的部件，因此本章将按照计算得到的 Q_i 值进行从大到小的排序，辨识列车系统风险高的关键部件。

$$S_i = \sum_{k=1}^{K} \sum_{j=1}^{m} \eta^k \omega_j [d(r_j^{k*}, r_{ij}^k)/d(r_j^{k*}, r_j^{k-})] \tag{2-27}$$

$$R_i = \max_j \{\eta^k \omega_j [d(r_j^{k*}, r_{ij}^k)/d(r_j^{k*}, r_j^{k-})]\} \tag{2-28}$$

$$Q_i = \frac{\nu(S_i - S^*)}{S^- - S^*} + \frac{(1-\nu)(R_i - R^*)}{R^- - R^*} \qquad (2-29)$$

2.2.3 实例验证

本节将结合轨道交通现场实例对提出的方法进行验证说明。本章采用现场某一型号高速列车转向架系统为案例,提取转向架系统35个部件,结合现场专家组(列车的设计制造组、司机及列车乘务组、检修组)给出的评价意见,分析该型号转向架系统并辨识转向架系统关键部件。转向架系统多重网络模型如图2-5[28]所示,各层子网节点如表2-6所列。

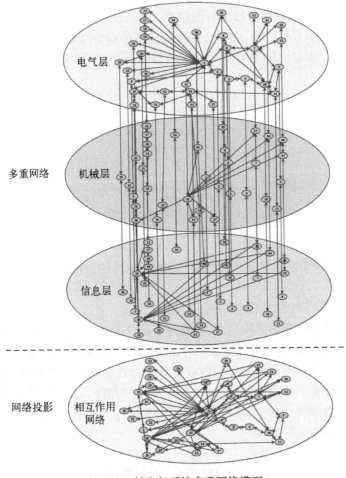

图2-5 转向架系统多重网络模型

表 2-6 地铁列车转向架系统部件编号

编 号	部 件 名 称	编 号	部 件 名 称
1	构架	19	空气弹簧
2	制动夹钳	20	中心牵引销
3	闸片	21	牵引拉杆
4	制动盘	22	减振器 4
5	增压缸	23	止挡装置
6	弹簧总成	24	抗侧滚扭力杆
7	轴箱	25	电磁阀
8	减振器 1	26	传感器 1
9	轴承	27	传感器 2
10	车轮	28	传感器 3
11	车轴	29	踏面清扫装置
12	减振器 2	30	传感器 4
13	联轴节	31	接线盒
14	齿轮箱	32	传感器 5
15	接地装置	33	传感器 6
16	牵引电机	34	传感器 7
17	位置调整装置	35	传感器 8
18	减振器 3	—	—

基于转向架系统多重网络模型,计算系统中各个部件的相关性风险指标。图 2-6 给出了阶段 1 的转向架系统多重网络动态特征指标结果。整个评估阶段中各个部件的相关性风险指标结果如图 2-7 所示。

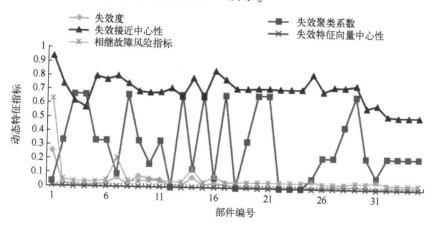

图 2-6 阶段 1 的转向架系统多重网络动态特征指标结果

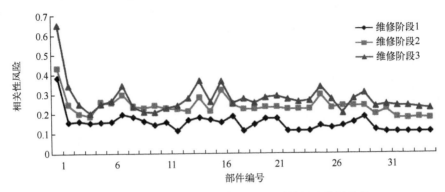

图 2-7　整个评估阶段中各个部件的相关性风险指标结果

如图 2-7 所示,各部件的相关风险指数在 0.1~0.7,其中动态失效特性的风险程度随时间呈上升趋势,其中最大相关风险指数的部件为构架总成。

以"部件 7"(轴箱体)为例,阶段 2 中,检修专家组针对部件故障对系统、人身和环境安全的影响指标的评分值为((0.5,0.6,0.7),(0.2,0.3,0.4))。其中,该评分值的隶属度函数为三角模糊数(0.5,0.6,0.7),表示该检修组专家针对部件故障对系统、人身和环境安全的影响指标的风险肯定程度为(0.5,0.6,0.7),该评分值的非隶属度函数为三角模糊数(0.2,0.3,0.4),表示该检修组专家针对部件故障对系统、人身和环境安全的影响指标的风险否定程度为(0.2,0.3,0.4)。显而易见,肯定的程度大于否定的程度,表示该检修组专家认为在部件故障对系统、人身和环境安全的影响指标下,"部件 7"(轴箱体)的风险程度较高。同样地,列车的设计制造组和司机及列车乘务组专家在该指标下对"部件 7"(轴箱体)的评分值为((0.5,0.6,0.7),(0.2,0.3,0.4))。

图 2-8 展示了在 3 个评估阶段下,检修组专家给予在部件故障对系统、人身和环境安全的影响指标下轴箱体评分值的变化情况,反映了该部件的风险发生和增长与时间几乎呈线性关系,意味并显示了随着时间推移,改组专家认为"部件 7"(轴箱体)的风险程度在部件故障对系统、人身和环境安全的影响指标下越来越高。

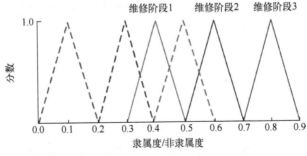

图 2-8　部件故障对系统、人身和环境安全的影响指标下轴箱体评分值变化情况

表 2-7 展示的是在指标 4 下 3 个专家组对于编号前 10 部件的风险程度的综合值。3 个专家组在不同评估阶段下的权重为

$$\lambda_1^1 = 0.43, \lambda_2^1 = 0.36, \lambda_3^1 = 0.21$$
$$\lambda_1^2 = 0.33, \lambda_2^2 = 0.35, \lambda_3^2 = 0.32$$
$$\lambda_1^3 = 0.34, \lambda_2^3 = 0.32, \lambda_3^3 = 0.34$$

表 2-7 指标 4 下 3 个专家组对于编号前 10 部件的风险程度的综合值

编号	阶段 1	阶段 2	阶段 3
1	((0.7,0.8,0.9),(0.0,0.1,0.2))	((0.5,0.6,0.7),(0.2,0.3,0.4))	((0.7,0.8,0.9),(0.0,0.1,0.2))
2	((0.7,0.8,0.9),(0.0,0.1,0.2))	((0.5,0.6,0.7),(0.2,0.3,0.4))	((0.7,0.8,0.9),(0.0,0.1,0.2))
3	((0.5,0.6,0.7),(0.2,0.3,0.4))	((0.5,0.6,0.7),(0.2,0.3,0.4))	((0.3,0.4,0.5),(0.4,0.5,0.6))
4	((0.3,0.4,0.5),(0.4,0.5,0.6))	((0.1,0.2,0.3),(0.6,0.7,0.8))	((0.5,0.6,0.7),(0.2,0.3,0.4))
5	((0.3,0.4,0.5),(0.4,0.5,0.6))	((0.1,0.2,0.3),(0.6,0.7,0.8))	((0.3,0.4,0.5),(0.4,0.5,0.6))
6	((0.3,0.4,0.5),(0.4,0.5,0.6))	((0.5,0.6,0.7),(0.2,0.3,0.4))	((0.3,0.5,0.7),(0.1,0.3,0.5))
7	((0.3,0.4,0.5),(0.4,0.5,0.6))	((0.5,0.6,0.7),(0.2,0.3,0.4))	((0.7,0.8,0.9),(0.0,0.1,0.2))
8	((0.1,0.2,0.3),(0.6,0.7,0.8))	((0.1,0.2,0.3),(0.6,0.7,0.8))	((0.0,0.0,0.1),(0.8,0.9,0.9))
9	((0.1,0.2,0.3),(0.6,0.7,0.8))	((0.3,0.4,0.5),(0.4,0.5,0.6))	((0.5,0.6,0.7),(0.2,0.3,0.4))
10	((0.5,0.6,0.7),(0.2,0.3,0.4))	((0.5,0.6,0.7),(0.2,0.3,0.4))	((0.7,0.8,0.9),(0.0,0.1,0.2))

各组专家在不同评估阶段的权重不同的原因是因为随着时间的推移,他们在不同运行情况下对风险认知和偏好会发生很大的变化。并且前一阶段获得的信息对后一阶段的评估也有很大影响。从不同阶段获得的信息也会有很大的差异。因此,每组专家在不同评估阶段的权重会有差异。表 2-8 展示了阶段 2 下的混合模糊决策矩阵的编号前 10 的评估信息汇总。

表 2-8 阶段 2 下的混合模糊决策矩阵的编号前 10 的评估信息汇总

编号	C_1	C_2	C_3	C_4	C_5	C_6	C_7	C_8	C_9	C_{10}
1	0.25	0.3	((0.7,0.8,0.9),(0.0,0.1,0.2))	[0.5,0.5]	((0.5,0.6,0.7),(0.2,0.3,0.4))	0.6	1.0	1.0	((0.5,0.6,0.7),(0.2,0.3,0.4))	1.0
2	0.11	0.5	((0.5,0.6,0.7),(0.2,0.3,0.4))	[1.0,1.0]	((0.5,0.6,0.7),(0.2,0.3,0.4))	0.3	1.0	1.0	((0.3,0.4,0.5),(0.6,0.7,0.8))	1.0
3	0.61	0.4	((0.5,0.6,0.8),(0.2,0.3,0.4))	[1.0,1.0]	((0.3,0.4,0.5),(0.6,0.7,0.8))	0.3	1.0	1.0	((0.5,0.6,0.8),(0.2,0.3,0.4))	1.0
4	0.08	0.5	((0.0,0.0,0.1),(0.8,0.9,0.9))	[0.71,0.8]	((0.5,0.6,0.8),(0.2,0.3,0.4))	0.2	1.0	1.0	((0.3,0.4,0.5),(0.4,0.5,0.6))	1.0

续表

编号	C_1	C_2	C_3	C_4	C_5	C_6	C_7	C_8	C_9	C_{10}
5	0.23	0.3	((0.1,0.2,0.3),(0.6,0.7,0.8))	[1.0,1.0]	((0.3,0.4,0.5),(0.6,0.7,0.8))	0.3	1.0	1.0	((0.3,0.4,0.5),(0.6,0.7,0.8))	1.0
6	0.35	0.5	((0.3,0.4,0.5),(0.6,0.7,0.8))	[0.8,0.83]	((0.1,0.2,0.3),(0.6,0.7,0.8))	0.3	1.0	1.0	((0.5,0.6,0.8),(0.2,0.3,0.4))	1.0
7	0.14	0.5	((0.5,0.7,0.9),(0.1,0.3,0.5))	[0.8,0.83]	((0.5,0.6,0.8),(0.2,0.3,0.4))	0.3	1.0	1.0	((0.3,0.4,0.5),(0.6,0.7,0.8))	1.0
8	1.0	0.5	((0.1,0.2,0.3),(0.6,0.7,0.8))	[0.8,0.83]	((0.3,0.4,0.5),(0.6,0.7,0.8))	0.2	1.0	1.0	((0.7,0.8,0.9),(0.0,0.1,0.2))	1.0
9	0.38	1.0	((0.3,0.4,0.5),(0.6,0.7,0.8))	[1.0,1.0]	((0.7,0.8,0.9),(0.0,0.1,0.2))	0.3	1.0	1.0	((0.3,0.4,0.5),(0.6,0.7,0.8))	1.0
10	0.25	0.4	((0.5,0.6,0.8),(0.2,0.3,0.4))	[0.71,0.8]	((0.7,0.8,0.9),(0.0,0.1,0.2))	0.3	1.0	1.0	((0.5,0.6,0.8),(0.2,0.3,0.4))	1.0

在动态 VIKOR 分析过程中,通过计算混合模糊决策矩阵的 r_j^{k*} 和 r_j^{k-},得到不同评估阶段下的指标权重为

$$\omega^1 = [0.03\ 0.05\ 0.05\ 0.02\ 0.04\ 0.03\ 0.25\ 0.25\ 0.03\ 0.25]$$

$$\omega^2 = [0.03\ 0.02\ 0.04\ 0.03\ 0.02\ 0.03\ 0.27\ 0.27\ 0.02\ 0.27]$$

$$\omega^3 = [0.03\ 0.04\ 0.04\ 0.03\ 0.02\ 0.03\ 0.26\ 0.26\ 0.03\ 0.26]$$

根据各评估阶段的权重对综合数据进行集成,计算各个评估阶段的时间权重为

$$\eta^1 = 0.24,\quad \eta^2 = 0.37,\quad \eta^3 = 0.39$$

最后,计算每个部件的最大群体效用 S_i、最小个体遗憾 R_i 以及综合风险值 Q_i。图 2-9 展示了动态分析和静态分析结果[28]对比情况。从对比结果可以看出,构架总成仍为风险最高部件,动态评估中制动钳夹、车轮和轴箱体的风险程度超过静态评估值。此外,两者清楚地表明,转向架系统部件的风险信息和专家认知会随着时间的推移发生连续的变化。本章的动态风险分析和评估是根据系统和部件的维护情况分多个阶段进行的,部件的风险信息和专家评分可以得到更新,使高速列车的风险分析和关键部件辨识可以更加可靠和有效。因此,基于 TFNIFS 和动态 VIKOR 方法的高速列车系统综合风险分析和关键部件辨识体系能够为高速列车安全运营提供可靠和有效的技术支持。

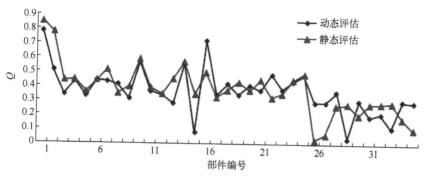

图 2-9 动态分析和静态分析结果对比

2.3 基于计算智能的高速列车运行风险动态分析方法

2.3.1 基于贝叶斯网络的高速列车运行风险动态分析

2.3.1.1 贝叶斯网络模型的特征变量选择

本书中模型的输入变量有 15 个晚点致因、晚点致因严重程度和晚点严重程度。在晚点致因方面,为了让构建的模型更好地阐释晚点致因间的关联关系及致因与晚点现象的关联关系,通过专家咨询、查阅铁路局故障恢复相关指导手册等途径,将晚点致因归为人为、设备、外部环境 3 类,每类晚点影响因素又包括一些子节点。列车初始晚点影响因素的归纳具体如表 2-9 所列。

表 2-9 高铁列车初始晚点的影响因素

影响因素	变量取值	变量描述
人为因素		
(1)工作人员操作失误	发生(1),不存在(0)	
(2)乘客造成的晚点	发生(1),不存在(0)	包括旅客抽烟引起烟雾报警、误拉紧急制动阀、突发疾病需立即停车救治、客流突增等情况
(3)人员侵限	发生(1),不存在(0)	闲杂人员入侵高铁线路限界内
设备因素		
(4)工务设备故障	发生(1),不存在(0)	轨道、道岔、隧道、桥梁等工务设备故障
(5)接触网故障	发生(1),不存在(0)	接触网停电(跳闸)等接触网异常引起的故障
(6)受电弓故障	发生(1),不存在(0)	包括弓网受流质量

续表

影响因素	变量取值	变量描述
设备因素		
(7)供电设备故障	发生(1),不存在(0)	牵引变流器等除受电弓和接触网以外的供电设备发生故障
(8)监测监控设备	报警/故障(1),正常状态(0)	激光探测装置、智能传感器(TEDS)等监测监控设备报警/故障
(9)机车车辆故障	发生(1),不存在(0)	制动设备、供水设备等除车门、车载列控设备、晃车或异响以外的列车设备故障
(10)ATP等列控故障	发生(1),不存在(0)	列控设备(主要为列车自动保护系统(ATP)、应答器等)故障
(11)红光带等故障	发生(1),不存在(0)	进站、出站、进站信号机、线路所通过信号机故障或车站(线路所)道岔失去表示、轨道路非列车占用红光带
(12)晃车或异响	发生(1),不存在(0)	
(13)调度系统故障	发生(1),不存在(0)	调度集中(CTC)系统故障
外部环境因素		
(14)恶劣天气	发生(1),不存在(0)	包括台风、雷雨、冰雹、暴雪等
(15)异物侵限	发生(1),不存在(0)	小动物或其他东西入侵线路界限内

在晚点致因严重程度方面,本案例目标在于探究故障严重程度对晚点程度的影响,故故障恢复时长的分组应在变量晚点程度的监督下进行。本案例选择的是基于监督式分箱技术(MDLP)的熵分组,即基于最短描述长度原则。最终,晚点致因严重程度变量取值如表 2-10 所列。

表 2-10 晚点致因严重程度变量取值

变量取值	处理方式	变量解释
1	字段"事件持续时间" $\in (0,34)$	Ⅰ级故障
2	字段"事件持续时间" $\in [34,78)$	Ⅱ级故障
3	字段"事件持续时间" $\in [78,+\infty)$	Ⅲ级故障

在晚点严重程度方面,依据国铁集团的规章制度,晚点时长大于等于 5min 即视为晚点。因此,当晚点时间低于 5min,视为列车没有发生晚点,变量取值为 0。然后,对晚点时长大于等于 5min 的数据进行分组。为了平衡各组的样本数据量,选择分位数分组方法进行数据处理,利用 SPSS Modeler 软件实现。该方法属于无监督的数据分组,即仅依据目标对象自身特性分组,不考虑其他变量的影响。最

终,晚点严重程度变量取值如表 2-11 所列。

表 2-11　晚点严重程度变量取值

变量取值	处理方式	变量解释
0	字段"初始晚点时长"$\in [0,5)$	不发生晚点
1	字段"初始晚点时长"$\in [5,10)$	Ⅰ级晚点
2	字段"初始晚点时长"$\in [10,22)$	Ⅱ级晚点
3	字段"初始晚点时长"$\in [22,+\infty)$	Ⅲ级晚点

2.3.1.2　贝叶斯网络模型的构建

通常情况下,当应用贝叶斯网络模型解决实际工程问题时,建模流程可分解为 4 个步骤:①通过对实际工程问题的抽象分析,确定模型中节点的个数及取值等;②利用专家的经验、领域知识或是历史数据对贝叶斯网络进行结构学习,采用数据学习算法或者专家打分的方式构建有向无环图;③通过 EM 算法等常用方法对贝叶斯网络进行参数估计,得到贝叶斯网络中各节点的条件概率表;④观测各节点的学习结果,采用贝叶斯网络的推理算法对部分节点的状态概率分布进行推理。具体流程图见图 2-10。

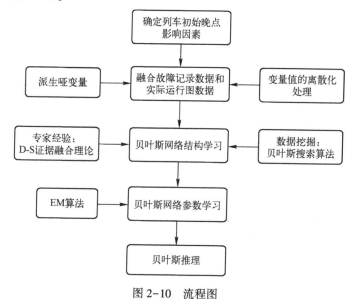

图 2-10　流程图

可以建立贝叶斯网络模型的软件有 Matlab、R、Python 等通用软件和 Netica、Ge NIe 等专门软件。考虑到模型的可视化和敏感性分析,选择软件 GeNIe。

1)基于模型假设的贝叶斯网络结构

首先,将每一种晚点致因作为网络的父节点,将列车初始晚点作为这些父节点的子节点,用有向弧表示晚点致因对初始晚点程度的影响关系。随着父节点的数量增加,子节点的条件概率随之呈指数级增长,会导致部分条件概率无法赋值。因此,考虑到本书中共归纳了 15 类晚点致因,为了更好地进行模型拟合度,在晚点致因子节点和晚点程度父节点间增加 3 个中间节点,分别为人为因素、设备因素、外部环境因素。初步构建贝叶斯网络结构如图 2-11 所示。

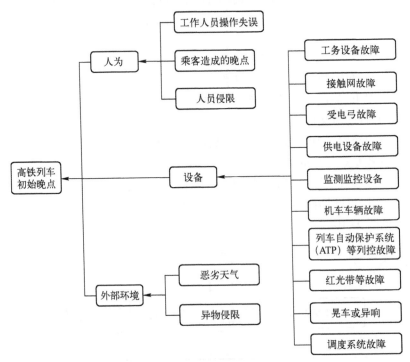

图 2-11 基于模型假设的贝叶斯网络结构

2) 基于专家经验的网络结构

本书中选择专家打分法获取专家的主观经验,整合了 6 位专家对晚点影响因素的关联关系的打分情况,通过 D-S 证据融合理论减少专家经验判断的主观性,从而构建了合理的网络结构。

在专家选择方面,为了提高主观经验的可靠性,降低个人错误经验对数据的影响,特向 6 名专家发放了问卷。其中,现场故障处理工作人员 2 名、研究铁路安全的教师及博士生 4 名。

在问卷设计方面,为了避免部分关系的模糊判断影响数据准确度,增加一类关系类型,即变量间关系无法确定。因此,在传统的变量关系基础上,本问卷的变量关系被分为以下 4 种:①变量 A 的发生会导致变量 B 的发生,记为 $A \rightarrow B$;②变量 B 的发生会导致变量 A 的发生,记为 $A \leftarrow B$;③变量 A 与变量 B 之间相互独立,不存

在依赖关系,记为 $A|B$;④变量 A 和变量 B 之间的关系难以确定,记为 $A\leftrightarrow B$。专家在填写问卷时,需对任意的两个变量间的 4 类关系继续权重赋值,4 项之和等于 1。问卷设计示例如图 2-12 所示。

高铁列车初始晚点的影响因素之间的关联关系（赋值可保留到小数点后两位）

工务设备故障 (I)	恶劣天气 (W)				异物侵限 (F)			
	$I\rightarrow W$	$I\leftarrow W$	$I\leftrightarrow W$	$I|W$	$I\rightarrow F$	$I\leftarrow F$	$I\leftrightarrow F$	$I|F$
赋值（取值[0, 1]）	0	0.8	0	0.2				
接触网故障 (N)	恶劣天气 (W)				异物侵限 (F)			
	$N\rightarrow W$	$N\leftarrow W$	$N\leftrightarrow W$	$N|W$	$N\rightarrow F$	$N\leftarrow F$	$N\leftrightarrow F$	$N|F$
赋值（取值[0, 1]）								
受电弓故障 (P)	恶劣天气 (W)				异物侵限 (F)			
	$P\rightarrow W$	$P\leftarrow W$	$P\leftrightarrow W$	$P|W$	$P\rightarrow F$	$P\leftarrow F$	$P\leftrightarrow F$	$P|F$
赋值（取值[0, 1]）								
供电设备故障 (E)	恶劣天气 (W)				异物侵限 (F)			
	$E\rightarrow W$	$E\leftarrow W$	$E\leftrightarrow W$	$E|W$	$E\rightarrow F$	$E\leftarrow F$	$E\leftrightarrow F$	$E|F$
赋值（取值[0, 1]）								
监测监控设备故障 (M)	恶劣天气 (W)				异物侵限 (F)			
	$M\rightarrow W$	$M\leftarrow W$	$M\leftrightarrow W$	$M|W$	$M\rightarrow F$	$M\leftarrow F$	$M\leftrightarrow F$	$M|F$
赋值（取值[0, 1]）								
机车车辆设备故障 (V)	恶劣天气 (W)				异物侵限 (F)			
	$V\rightarrow W$	$V\leftarrow W$	$V\leftrightarrow W$	$V|W$	$V\rightarrow F$	$V\leftarrow F$	$V\leftrightarrow F$	$V|F$
赋值（取值[0, 1]）								
车门故障 (D)	恶劣天气 (W)				异物侵限 (F)			
	$D\rightarrow W$	$D\leftarrow W$	$D\leftrightarrow W$	$D|W$	$D\rightarrow F$	$D\leftarrow F$	$D\leftrightarrow F$	$D|F$
赋值（取值[0, 1]）								
晃车或异响 (S)	恶劣天气 (W)				异物侵限 (F)			
	$S\rightarrow W$	$S\leftarrow W$	$S\leftrightarrow W$	$S|W$	$S\rightarrow F$	$S\leftarrow F$	$S\leftrightarrow F$	$S|F$
赋值（取值[0, 1]）								

图 2-12　问卷设计示例

数据融合方面,利用证据融合理论,计算任意两个变量间的组合质量(mass)函数,质量函数值最大的那一类关系即为对应变量组的关系类型。

D-S 证据融合理论能有效处理不确定数据,提高结果客观性。该方法主要借助贝叶斯理论中的条件概率进行计算。针对本书问卷数据,组合质量函数的计算公式具体如下:

$$M(A)=\frac{1}{K}\sum_{A_1\cap A_2\cap\cdots\cap A_n=A}m_1(A_1)\cdot m_2(A_2)\cdots m_n(A_n) \qquad (2-30)$$

其中

$$K=\sum_{A_1\cap A_2\cap\cdots\cap A_n\neq\phi}m_1(A_1)\cdot m_2(A_2)\cdots m_n(A_n)$$

$$=1-\sum_{A_1\cap A_2\cap\cdots\cap A_n=\phi}m_1(A_1)\cdot m_2(A_2)\cdots m_n(A_n) \qquad (2-31)$$

通过专家经验打分和 D-S 证据融合理论,新的变量间因果关系得以确定,如

图 2-13 所示,虚线的有向弧即为新增的因果关系,6 条新增有向弧阐释了外部环境的变化会导致部分设备出现故障。

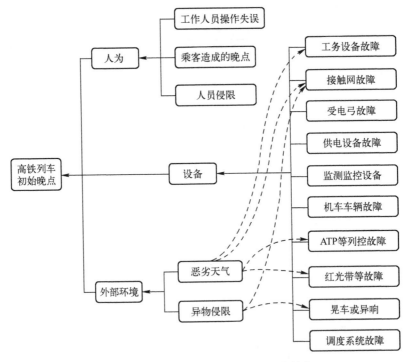

图 2-13 基于专家经验的贝叶斯网络结构

3) 基于搜索评分算法的混合网络结构

GeNIe 软件中的结构学习算法主要分为两类,基于搜索评分的和基于约束的算法。由于基于约束的算法对结构的学习完全取决于训练样本,而此案例的数据样本存在缺失,同时考虑到训练样本量较大,故书中使用的结构学习算法是基于搜索评分的 GTT(greedy thick thinning)算法。

GTT 算法的评分函数基于贝叶斯,有 K2 评分和 BDeu(Bayesian dirichlet eu)评分两种。这两种评分函数都是在 BD(Bayesian Dirichlet)评分函数的基础上进行拓展,即更改 Dirichlet 参数 a_{ijk} 的赋值。

K2 评分函数假设参数 a_{ijk} 为常量,赋值为 1,评分函数为

$$f_{K2}(G|D) = \sum_{i=1}^{n} \sum_{j=1}^{q_i} \left[\lg \frac{(r_i - 1)!}{(m_{ij} + r_i - 1)!} \sum_{k=1}^{r_i} \lg m_{ijk}! \right] + \lg P(G) \quad (2-32)$$

BDeu 评分函数假设参数 $a_{ijk} = \dfrac{m'}{r_i q_i}$,评分函数为

$$\lg P(G\mid D)=\sum_{i=1}^{n}\sum_{j=1}^{q_i}\left[\lg\frac{\varGamma\left(\dfrac{m'}{q_i}\right)}{\varGamma\left(m_{ij}+\dfrac{m'}{q_i}\right)}\sum_{k=1}^{r_i}\lg\frac{\varGamma\left(m_{ijk}+\dfrac{m'}{r_iq_i}\right)}{\varGamma\left(\dfrac{m'}{r_iq_i}\right)}\right]+\lg P(G)$$

(2-33)

搜索算法方面,GTT 选择的是贪婪等价搜索算法(greedy equivalent search, GES)算法,从空图(节点间无连线)出发,分为 2 个阶段进行搜索:①贪婪向前搜索算法(greedy forward search, GFS)阶段:在原有的结构基础上增加一条有向弧(thick),比较原结构和新结构的评分函数值,保留评分更高的网络结构,重复此步骤直至评分值无法提高为止。②贪婪向后搜索算法(greedy backward search, GBS)阶段:对 GFS 阶段获得的网络结构进行删边处理,即每减少一条有向弧后对新旧结构的评分值进行对比,保留更高分值的结构,重复此步骤直至评分值不能继续增加为止,此时获得的网络结构即为最终的贝叶斯网络。

本案例选择的是基于 K2 评分函数的 GTT 算法,选择 15 个晚点致因发生情况和列车初始晚点程度作为节点。此外,为了将数据学习的网络结构与专家经验获得的模型融合,在背景知识里添加基于专家经验的网络结构,指导数据学习的结构。

GTT 算法学习所得的贝叶斯网络结构如图 2-14 所示,较之专家经验学习的网络结构,新的网络结构增加了 5 条有向弧。

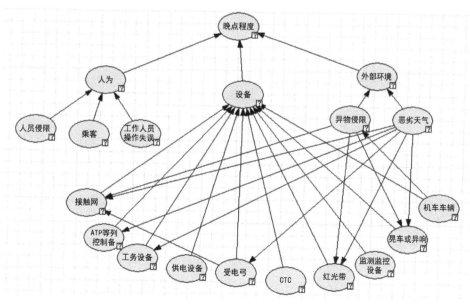

图 2-14 GTT 算法学习所得的贝叶斯网络结构

4) 基于最大期望(EM)算法的参数估计

由于行车突发故障事件的记录存在一定的不完整性，如由供电设备引起的受电弓故障的事件记录形式为"自动降弓"。同时考虑到训练样本的部分晚点致因相关数据量较少，存在缺失。因此，选择 EM 算法对贝叶斯网络参数进行计算。

EM 算法是迭代爬山算法，由两个步骤组成，包括 E 步骤计算期望和 M 步骤最大化。通过 E 步骤和 M 步骤的反复迭代直至收敛，从而对未知参数进行估计。EM 算法的基本框架如图 2-15 所示。

EM 算法的基本框架
1. 输入：贝叶斯网络的结构；训练集数据 ϑ；收敛阈值 δ
2. 赋初始值：$t=0$，$\theta^0 =$随机值
3. 当前评分为 $l(\theta^t\|\vartheta)$
4. while (true)
5. E 步骤：计算 $m_{ijk}^t (i=1,2,\cdots,n; j=1,2,\cdots,q_i; k=1,2,\cdots,r_i)$
6. M 步骤：计算 θ^{t+1}
7. 更新的评分为 $l(\theta^{t+1}\|\vartheta)$
8. if (更新的评分 > 当前评分 + δ)
9. 当前的评分更新为 $l(\theta^{t+1}\|\vartheta)$
10. $t = t+1$
11. else
12. return θ^{t+1}
13. end if
14. end while
15. 输出：贝叶斯网络的参数估计

图 2-15 EM 算法的基本框架

2.3.1.3 结果分析

模型的计算结果如图 2-16 所示，各节点的条形图显示了相应变量的边缘概率。通过条形图的对比可以发现，接触网故障和异物侵限是占比最多的故障类型，红光带、晃车或异响、人员侵限也是常见故障类型。

贝叶斯推理主要分为预测推理和诊断推理。预测推理的目的在于根据父节点晚点致因的状态分布预测列车初始晚点的可能状态，帮助工作人员在不同故障事件发生后采取不同响应级别的应急处理方案，使有限的应急资源能高效地服务于晚点防控。诊断推理则恰好相反，其功能是为列车晚点的特定状态，推断晚点致因

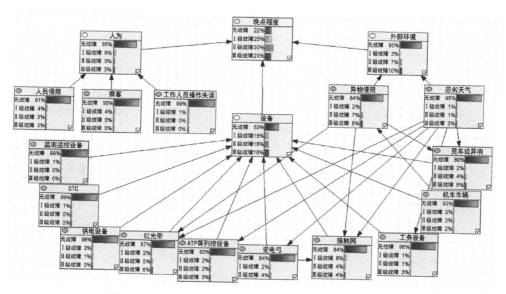

图 2-16 关于高铁列车初始晚点的贝叶斯网络概率分布

最可能处于的状态,帮助工作人员制定相关维修检测方案以减少该类状态的发生,从而降低晚点发生频率。

1) 预测推理

在预测推理中,将后验概率最大的变量状态视为预测结果。本案例的晚点致因节点个数和取值个数较多,如果完全依赖人工计算,工作量较大且耗时长,还容易出现错误。因此,后续的贝叶斯推理都借助于精确推理算法,选择的算法是 GeNIe 软件中最常使用的联合树算法。联合树算法的主要原理是利用有向图的条件独立性质,将复杂的贝叶斯网络图分解,通过一定的方法转换成联合树的形式,利用树的良好操作性进行推理求解。

通过联合树算法依次对剩余 14 个晚点致因进行预测推理,预测结果汇总如表 2-12 所列。整体而言,当晚点致因属于人为因素或环境因素时,列车大概率发生 I 级晚点和 II 级晚点;当晚点致因属于人为因素且持续时间较短时,列车大概率不发生晚点,对列车正常行车的影响很小;当晚点致因属于设备因素时,列车发生晚点的程度大概率和故障严重程度呈正相关。其中,调度设备故障较为特殊。当其故障恢复时长较短时,大概率不影响列车正常行车;当该故障持续时间超过 34min 时,列车大概率发生 II 级晚点,晚点时间超过 10min。

表 2-12　晚点致因在不同风险等级下的列车晚点程度预测

故障类型	故障等级		
	Ⅰ级故障	Ⅱ级故障	Ⅲ级故障
工作人员操作失误	不发生	Ⅰ级晚点	Ⅱ级晚点
乘客造成的晚点	不发生	Ⅰ级晚点	Ⅱ级晚点
人员侵限	不发生	Ⅰ级晚点	Ⅱ级晚点
工务设备故障	Ⅰ级晚点	Ⅱ级晚点	Ⅲ级晚点
接触网故障	Ⅰ级晚点	Ⅱ级晚点	Ⅲ级晚点
受电弓故障	Ⅰ级晚点	Ⅱ级晚点	—
供电设备故障	Ⅰ级晚点	Ⅱ级晚点	Ⅲ级晚点
监测监控设备	Ⅰ级晚点	Ⅱ级晚点	Ⅲ级晚点
机车车辆故障	Ⅰ级晚点	Ⅱ级晚点	Ⅲ级晚点
ATP等列控故障	Ⅰ级晚点	Ⅱ级晚点	Ⅲ级晚点
红光带等故障	Ⅰ级晚点	Ⅱ级晚点	Ⅲ级晚点
晃车或异响	Ⅰ级晚点	Ⅱ级晚点	Ⅲ级晚点
调度系统故障	不发生	Ⅱ级晚点	Ⅱ级晚点
恶劣天气	Ⅰ级晚点	Ⅱ级晚点	Ⅱ级晚点
异物侵限	Ⅰ级晚点	Ⅱ级晚点	Ⅱ级晚点

2) 诊断推理

将所有晚点致因根节点设为目标节点,勾选"Ⅰ级故障""Ⅱ级故障""Ⅲ级故障"为目标状态,子节点"晚点程度"设为观察节点,所有中间节点设为辅助节点,通过联合树算法依次对节点"晚点程度"的 4 个状态进行诊断推理,观察节点不同状态下的目标节点后验概率。

由表 2-13 可知,Ⅰ级接触网故障的后验概率最大,较之先验概率 0.081 有所增加。通过对目标节点各状态变量的后验概率从小到大的排序,可以发现,Ⅰ级晚点的影响因素最可能是Ⅰ级接触网故障,其次是Ⅲ级和Ⅱ级异物侵限、Ⅱ级和Ⅲ级红光带故障。

表 2-13 列车晚点程度为"Ⅰ级晚点"的诊断结果表

根节点	列车初始晚点为"Ⅰ级晚点"		
	Ⅰ级故障	Ⅱ级故障	Ⅲ级故障
工作人员操作失误	0.010	0.003	0.001
乘客造成的晚点	0.037	0.006	0.001
人员侵限	0.030	0.043	0.037
工务设备故障	0.009	0.007	0.025
接触网故障	0.117	0.036	0.031
受电弓故障	0.029	0.040	—
供电设备故障	0.038	0.007	0.003
监测监控设备	0.009	0.003	0.004
机车车辆故障	0.033	0.022	0.016
ATP等列控故障	0.027	0.018	0.023
红光带等故障	0.020	0.047	0.047
晃车或异响	0.022	0.041	0.040
调度系统故障	0.007	0.004	0.004
恶劣天气	0.020	0.005	0.021
异物侵限	0.025	0.050	0.061

由表 2-14 可知，Ⅱ级异物侵限的后验概率最大，较之先验概率 0.069 有所增加。通过对目标节点各状态变量的后验概率从小到大的排序，可以发现，Ⅱ级晚点的影响因素最可能是Ⅱ级和Ⅲ级异物侵限，其次是Ⅲ级和Ⅱ级红光带故障。

表 2-14 列车晚点程度为"Ⅱ级晚点"的诊断结果表

根节点	列车初始晚点为"Ⅱ级晚点"		
	Ⅰ级故障	Ⅱ级故障	Ⅲ级故障
工作人员操作失误	0.007	0.002	0.001
乘客造成的晚点	0.025	0.003	0.001
人员侵限	0.020	0.020	0.035
工务设备故障	0.005	0.008	0.032
接触网故障	0.049	0.049	0.047
受电弓故障	0.014	0.054	—
供电设备故障	0.020	0.008	0.003
监测监控设备	0.005	0.004	0.004

续表

根节点	列车初始晚点为"Ⅱ级晚点"		
	Ⅰ级故障	Ⅱ级故障	Ⅲ级故障
机车车辆故障	0.016	0.028	0.022
ATP等列控故障	0.015	0.023	0.030
红光带等故障	0.011	0.063	0.071
晃车或异响	0.011	0.055	0.058
调度系统故障	0.004	0.005	0.004
恶劣天气	0.008	0.006	0.030
异物侵限	0.008	0.113	0.095

由表 2-15 可知，Ⅲ级异物侵限的后验概率最大，较之先验概率 0.078 有所增加。通过对目标节点各状态变量的后验概率从小到大的排序，可以发现，Ⅲ级晚点的影响因素最可能是Ⅲ级异物侵限，其次是Ⅲ级红光带故障、Ⅲ级晃车或异响、Ⅲ级接触网故障。

表 2-15 列车晚点程度为"Ⅲ级晚点"的诊断结果表

根节点	列车初始晚点为"Ⅲ级晚点"		
	Ⅰ级故障	Ⅱ级故障	Ⅲ级故障
工作人员操作失误	0.008	0.002	<0.001
乘客造成的晚点	0.030	0.003	<0.001
人员侵限	0.024	0.018	0.022
工务设备故障	0.005	0.006	0.043
接触网故障	0.046	0.034	0.067
受电弓故障	0.014	0.038	—
供电设备故障	0.021	0.007	0.004
监测监控设备	0.005	0.003	0.006
机车车辆故障	0.016	0.020	0.029
ATP等列控故障	0.015	0.017	0.040
红光带等故障	0.010	0.043	0.099
晃车或异响	0.011	0.038	0.079
调度系统故障	0.004	0.004	0.004
恶劣天气	0.008	0.005	0.035
异物侵限	0.009	0.051	0.109

由表 2-16 可知，Ⅰ级接触网故障的后验概率最大，较之先验概率 0.081 有所增加。通过对目标节点各状态变量的后验概率从小到大的排序，可以发现，Ⅰ级接触网故障对列车正常行车影响最小，其次是Ⅰ级乘客因素、Ⅰ级人员侵限。接触网故障虽然发生频率高，但多为接触网跳闸事件，容易在短时间内恢复，因此对列车正常行车的影响较小。乘客造成的晚点通常是因为乘客突发疾病需要就近停车获得医疗救治，而运下病人的时间较短，且能与乘客接续作业同时进行，不容易造成列车晚点。Ⅰ级人员侵限多为闲杂人员乱入事件，由于现阶段铁路沿线密集安装摄像头来实时监控，工作人员能及时发现和处理人员侵限情况，且意识正常的人员不会冒着生命危险在列车即将驶过时横穿铁路，故对列车正点率的影响较少。

表 2-16 列车晚点不发生的诊断结果表

根节点	列车初始晚点不发生		
	Ⅰ级故障	Ⅱ级故障	Ⅲ级故障
工作人员操作失误	0.022	0.002	0.001
乘客造成的晚点	0.092	0.004	0.001
人员侵限	0.077	0.026	0.023
工务设备故障	0.009	0.006	0.022
接触网故障	0.120	0.026	0.025
受电弓故障	0.029	0.030	—
供电设备故障	0.039	0.006	0.002
监测监控设备	0.009	0.003	0.003
机车车辆故障	0.033	0.016	0.013
ATP 等列控故障	0.028	0.015	0.020
红光带等故障	0.021	0.033	0.037
晃车或异响	0.022	0.030	0.032
调度系统故障	0.007	0.003	0.004
恶劣天气	0.022	0.005	0.015
异物侵限	0.027	0.049	0.039

整体而言，列车发生初始晚点时可能性较大的晚点致因是异物侵限、接触网故障、红光带故障和晃车或异响。其中，异物侵限和红光带导致的列车晚点时长多为 10min 以上。此外，Ⅰ级晚点发生时可能性较大的晚点致因还有机车车辆故障，Ⅲ级晚点发生时可能性较大的晚点致因还包括 ATP 等列控设备故障。

以上推理结果的分析，可以为工作人员制定各类故障专项检测维修预案提供科学的依据，在降低检测维修成本的同时保证铁路正常行车。日常的风险管控工

作中,可参考以下建议进行优化:

(1) 高度重视高频高晚点率的故障类型,如晃车或异响、接触网和红光带故障。在日常运营维护时,提高该类故障的检测维修频率。基于历史故障的时空分布、持续时间、晚点程度等特征分析,合理高效地优化检测及维修资源的配置。

(2) 重视低频高晚点率的故障应急处置方案制定,如工务设备、列控设备和受电弓故障。虽然该类设备发生故障概率较低,但一旦发生,故障持续时间通常都在34min以上,易造成长时间初始晚点。针对该类故障,可以重点关注具体的高频故障事件(如受电弓故障多为自动降弓事件),对其时空规律、发生机制等方面深入研究,优化维修资源选址及配置方案,缩短现场维修时间,尽快对故障做出响应,降低对行车安全及秩序的影响。

(3) 不轻视高频低晚点率的故障类型,如人员侵限。虽然通常导致的晚点程度较低,但存在极大的安全隐患。因此,针对该类故障,可以"软硬兼施":①设备设施方面,在故障多发区段修建保护屏障以防止人员侵限;在难以与外界隔离的区域(如接触网)增强视频监测力度,全方位对现场实时监控,及早发现人员侵限。②规章制度方面,对于铁路员工,严格约束各工种的生产行为,规范细化工作流程,定期开展安全知识考核;对于外界人员,普及铁路生产安全科普教育,对违规侵限行为加强处罚力度。

2.3.2 基于随机森林的高速列车突发事件危害度预测

突发事件引发的晚点列车数量是衡量其产生影响大小的一个重要评价指标。某一事件发生后,若影响的列车越多,则表明此事件的波及范围越广,列车想要恢复正常运行的难度就越大,也就表明此事件的危害度越大,越需要关注防范。为了进一步计算不同突发事件对晚点列车数的影响程度,量化分析突发事件的严重度,本节将基于随机森林建立高速列车突发事件危害度预测模型。

2.3.2.1 随机森林概述

随机森林是机器学习中的一种自举集成(bootstrap aggregation)算法,由学者Breiman和Cutler在改进决策树算法的基础上提出,是一种典型的并行集成学习算法。随机森林的核心是根据指定的特征建立若干棵回归决策树,再将其组合形成一片森林,最后通过投票表决得到森林中决策树的结果,在不增加运算量的基础上提高预测精度,基本步骤如图2-17所示。

图2-17 随机森林基本步骤

与常见的机器学习算法相比,随机森林算法具有以下优势:

(1) 实现简单,通过并行计算提高训练速度,不易出现过拟合现象,准确度高。

(2) 算法对数据类型和规模要求较低,无论是连续型数据还是离散性数据都可以轻松适应。

(3) 可以对高维数据做分类、聚类和回归分析,且不需要降维和特征选择。

(4) 可以实现特征变量的重要度分析和相关性分析。

2.3.2.2 建模步骤

根据分析,突发事件的类型、持续时间、发生地点和发生时间点都会对晚点列车数量产生影响,例如,突发事件的持续时间越长,影响的列车就会越多,最终出现晚点的列车也越多。另外,若突发事件发生在高峰时段,列车行车密度大,运行图预留的冗余时间小,一列列车受到干扰出现晚点,可能会迅速传播给相邻列车,最终引发大面积列车晚点。

因此,在突发事件危害度预测模型中,以突发事件的类型、持续时间、发生地点和发生时间点为特征变量,以事件造成的晚点列车数量为目标变量,晚点列车数越多,该事件的危害度越大。通过输入突发事件的自身时空分布特征值得到事件引发的晚点列车数,进而得到该事件的危害度。变量描述如表2-17所列。

表2-17 变量描述

变量	描述
特征变量	事件类型(车辆故障、车载设备故障、线路故障、供电设备故障、通信信号设备故障、自然环境干扰、人为干扰和调度监测设备故障) 持续时间 发生地点(车站/区间) 发生时间点(0:00—24:00)
目标变量	晚点列车数

1) 准备工作

在 Python 3.5.2(Anaconda 3.2.0)运行环境中依次导入 Pandas、Numpy、Sklearn 和 Matplotlib 等数据库。

2) 数据预处理

导入整理的3422条列车晚点记录数据,不存在缺失数据。可以看出,事件类型和发生地点均为离散型特征,且彼此间不存在数量大小关系,因此选择通过 One-Hot 编码将其转化为数值型特征,如图2-18所示。通过 One-Hot 编码可以将具有 n 个可能值的一个特征变量转化为 n 个互斥的特征变量,且每次只能激活一个。既扩充了特征变量,又能使离散特征变量间的距离和相似度计算合理化。

	持续时间	发生时间	晚点车次数量	事件类型_人为干扰	事件类型_供电设备故障	事件类型_线路故障	事件类型_自然环境干扰	事件类型_调度监测设备故障	事件类型_车载设备故障	事件类型_车辆故障	事件类型_通信信号设备故障	发生位置_区间	发生位置_车站
0	101	0.339360	1	0	1	0	0	0	0	0	0	1	0
1	26	0.416551	1	0	0	1	0	0	0	0	0	0	1
2	55	0.855355	1	0	0	0	0	0	1	0	0	1	0
3	122	0.403338	4	0	1	0	0	0	0	0	0	1	0
4	109	0.424896	48	0	0	0	1	0	0	0	0	0	1
5	25	0.631433	4	0	0	0	0	0	0	1	0	1	0
6	42	0.445063	8	0	0	0	0	0	0	0	1	1	0
7	49	0.739917	1	0	1	0	1	0	0	0	0	1	0
8	41	0.654261	8	0	1	0	0	0	0	0	0	1	0
9	26	0.557719	1	0	0	1	0	0	0	0	0	1	0

图 2-18 One-Hot 编码表示

此外，突发事件的发生时间点为 0:00—24:00，为了提高数据的处理速度和求解精度，将时间转化为以秒为单位的数值，再利用最大最小标准化对其做归一化处理，如下式所示，将 0:00—24:00 缩放到 [0,1] 区间。

$$x' = \frac{x - x_{\min}}{x_{\max} - x_{\min}} \tag{2-34}$$

式中：x 为原始值；$x_{\min}$、$x_{\max}$ 分别为原始值中的最小和最大值；x' 为归一化之后的值。

3）构建随机森林回归模型

（1）分离特征变量和目标变量：经过数据预处理，模型中的特征变量扩展为 12 个，分别为持续时间、发生时间、事件类型_人为干扰、事件类型_供电设备故障、事件类型_线路故障、事件类型_自然环境干扰、事件类型_调度监测设备故障、事件类型_车载设备故障、事件类型_车辆故障、事件类型_通信信号设备故障、发生位置_区间、发生位置_车站，目标变量为晚点列车数。

（2）切分数据集：将 3422 条数据切分成训练集和测试集，其中前 2567 条数据为训练集，后 855 条数据为测试集。

（3）构建模型：首先调用 RandomForestRegressor( ) 模型，随后通过 RandomizedSearchCV 函数和 GridSearchCV 函数对模型参数进行调整，前者在给定的参数范围内随机选择参数做指定次数的组合，得到最优的参数组合；后者遍历所有参数组合，得到最优的参数组合。一般情况下，将两个函数结合使用，先用第一个函数获得最优参数的大概范围，再用第二个函数在一定范围内微调，最终得到最优的参数组合如图 2-19 所示，根据最优参数组合构建随机森林模型并进行训练。

{'bootstrap': True,
'max_depth': 10,
'max_features': 3,
'min_samples_leaf': 4,
'min_samples_split': 10,
'n_estimators': 100}

图 2-19 最优参数组合

4）模型评估

模型训练好之后,需要通过合适的指标检验其回归预测的效果。在此采用拟合优度(R_2)、解释度(EVS)、均方差(MSE)和平均绝对误差(MAE)作为评价指标。前两个指标取值范围为[0,1],越接近 1 表示自变量对因变量方差变化的解释效果越好,模型的拟合效果越好;后两个指标体现了预测结果和实际数据的接近程度,取值越小表示拟合效果越好。

5）计算特征变量重要度

通过随机森林模型,可以得到所有特征变量对目标变量的影响程度,也就是特征变量重要度。常见的计算方法有两种:Gini 指数法和精度下降法。这里选择第一种方法,对于特征变量 m 来说,每棵树上由 m 形成的分支节点的 Gini 指数下降程度之和就是特征变量 m 的重要度。

6）根据模型输入特征变量预测晚点列车数

晚点列车数随机森林回归预测结果见图 2-20。

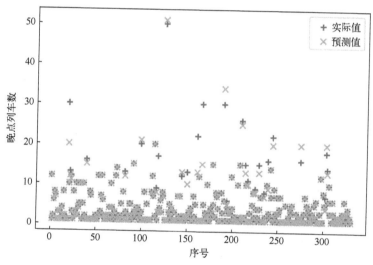

图 2-20　晚点列车数随机森林回归预测结果

2.3.2.3　模型分析

1）模型评估表

表 2-18 为预测模型的评价结果,从表中可知,突发事件危害度预测模型中训练集和测试集的拟合优度分别为 0.9801 和 0.9774,说明该模型效果良好,可以用于突发事件的危害度分析。

表 2-18 随机森林评价指标

评价指标	训练集	测试集
R_2	0.9801	0.9774
EVS	0.9788	0.9756
MSE	0.5142	0.5103
MAE	0.1399	0.2299

从突发事件数据集中随机选择 330 条记录,代入预测模型中进行验证,图 2-20 为模型的预测结果,可以看出,模型的预测值和实际值基本吻合,表明模型的预测效果良好。

2) 特征变量重要度分析

经过计算,所有特征变量的重要度如图 2-21 和表 2-19 所示,通过重要度分析可以明确日常预防和处置突发事件的工作重点。

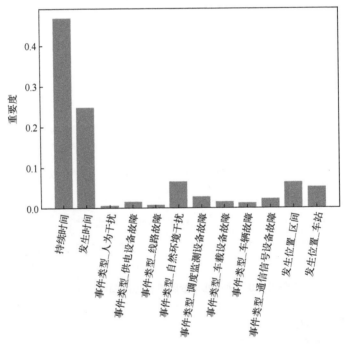

图 2-21 特征变量重要度分布柱状图

表 2-19 特征变量重要度排序

特征变量	重要度
持续时间	0.47

续表

特征变量	重要度
发生时间	0.25
自然环境干扰	0.07
区间	0.06
车站	0.05
调度监测设备故障	0.03
车载设备故障	0.02
通信信号设备故障	0.02
人为干扰	0.01
供电设备故障	0.01
线路故障	0.01
车辆故障	0.01

由结果可知,重要度最高的两个特征变量依次为持续时间(0.47)和发生时间(0.25),表示这两个特征变量对列车晚点的影响程度最高。在现实中,无论是怎样的突发事件,一旦发生在行车密集的高峰时段或持续较长的时间,都会对大批列车的正常行驶产生消极影响。考虑到持续时间和发生时间均属于突发事件的时间类特征值,说明对于一个突发事件来说,时间分布状态是衡量其危害度的关键因素。其次是自然环境干扰(0.07)、区间(0.06)和车站(0.05)3个特征变量。

自然环境干扰属于外界干扰,一旦发生极端天气或地质灾害,会对发生地所有线路上正在运行或即将发车的列车产生不利影响,也会影响高速铁路系统内部其他设备设施的正常运转,从而造成大面积列车晚点。区间和车站属于空间类特征值,突发事件的发生位置会影响后续事件的应急处置方式。例如:列车转向架出现故障,若发生在车站,可以及时联系维修人员维修或更换车底;但若发生在区间,需要根据故障程度判断是采用降速行驶至下一车站处理还是临时停车等待救援,不同的处置方式会使受影响的列车数量存在差异。

重要度略低的是突发事件的各种类型,根据上述内容可知,无论哪种突发事件,发生时间、位置和持续时间都是多变的,所以仅知道事件类型不能合理判断一个事件的危害程度。对于事件类型来说,调度监测设备故障、车载设备故障和通信信号设备故障3类事件的重要度较高,人为干扰、供电设备故障、线路故障、车辆故障4类事件的重要度较低。可以看出,虽然调度监测设备故障发生频率不高,但一旦出现问题,调度员将无法实时监测路网上的列车状态,也不能下达调度命令,从而失去对多列列车的远程控制,因此对列车晚点的影响程度较大。而供电设备虽然发生频率高,但由于其持续时间较短,因此对列车晚点的影响程度较小。

根据上述突发事件对晚点列车的危害度预测模型,可以了解到事件发生后会对列车正常运行产生怎样的影响,根据受影响的列车个数确定适当的行车调整方案,确保列车正常完成运输业务。

2.4 小　　结

以高速列车为代表的轨道交通列车运行风险,包括以系统故障为核心的高速列车系统综合风险与以晚点事件为核心的高速列车运行风险。首先,本章从高速列车系统综合风险出发,以列车系统性能风险为基础,耦合外界条件风险的多阶段多因素的特点,结合现场维修计划,提出了基于二型直觉模糊集与动态VIKOR方法对列车系统综合风险分析方法,分析列车系统综合风险并辨识风险较高的关键部件。其次,本章采用能较好反映变量间依赖关系的贝叶斯网络,对高铁列车初始晚点与晚点致因间的相关关系进行研究。先要进行特征变量选择。导致列车初始晚点的原因复杂多样,根据专家经验和故障处理规范手册,将371种突发事件归纳为15类晚点致因。在网络构建中,利用D-S证据融合理论处理问卷数据后得到初始结构,采用GTT算法进行结构优化,结合专家经验和数据学习算法对贝叶斯网络模型进行结构学习;采用EM算法进行模型参数学习。最后,通过学习获得的贝叶斯网络模型进行推理研究,预测了不同故障等级的突发事件发生情况下列车的初始晚点状态,辨识了对高速列车正常行车影响较大的突发事件类别,并对重点防控故障的专项检测维修方案提出相应优化建议。本章还考虑突发事件对高速列车晚点的影响,综合突发事件的自身特征,以事件类型、持续时间、发生位置和发生时间为特征变量,以晚点列车数为目标变量,采用随机森林模型计算不同事件对晚点列车数的影响程度,建立突发事件危害度预测模型,对高速列车突发事件发生时造成的晚点列车进行预测。

参考文献

[1] JAFARIAN E, REZVANI M A. Application of fuzzy fault tree analysis for evaluation of railway safety risks: An evaluation of root causes for passenger train derailment[J]. the Institution of Mechanical Engineers Part F Journal of Rail & Rapid Transit, 2012, 226: 14-25.

[2] BEARFIELD G, MARSH W. Generalising Event Trees Using Bayesian Networks with a Case Study of Train Derailment[J]. Lecture Notes in Computer Science, 2005, 3688: 52-66.

[3] ANTONIO P, FABRIZIO R, RAFFAELE A. Bayesian Analysis and Prediction of Failures in Underground Trains[J]. Quality & Reliability Engineering International, 2010, 19: 327-336.

[4] LIU H C, WANG L E, LI Z W, et al. Improving Risk Evaluation in FMEA with Cloud Model and Hierarchical TOPSIS Method[J]. IEEE Transactions on Fuzzy Systems, 2018, 27(1): 84-95.

[5] HUANG J, LI Z, LIU H C. New approach for failure mode and effect analysis using linguistic distribution assessments and TODIM method[J]. Reliability Engineering System Safety, 2017, 167:302-309.

[6] WANG Y, LIU W, YANG Z, et al. Research on design evaluation of high-speed train auxiliary power supply system based on the AHP[C]//Transportation Electrification Asia-Pacific. IEEE, 2015, 8:69-82.

[7] AKMAN G. Evaluating suppliers to include green supplier development programs via fuzzy c-means and VIKOR methods[J]. Computers & Industrial Engineering, 2015, 86:69-82.

[8] GUL M, GUNERI A F. A fuzzy multi criteria risk assessment based on decision matrix technique: A case study for aluminum industry[J]. Journal of Loss Prevention in the Process Industries, 2016, 40:89-100.

[9] MOHSEN O, FERESHTEH N. An extended VIKOR method based on entropy measure for the failure modes risk assessment-A case study of the geothermal power plant (GPP)[J]. Safety Science, 2017, 92:160-172.

[10] ZHAO J, YOU X Y, LIU H C, et al. An Extended VIKOR Method Using Intuitionistic Fuzzy Sets and Combination Weights for Supplier Selection[J]. Symmetry-Basel, 2017, 9:1-16.

[11] YUE C. A geometric approach for ranking interval-valued intuitionistic fuzzy numbers with an application to group decision-making[J]. Computers & Industrial Engineering, 2016, 102:233-245.

[12] LIU F, YUAN X H. Fuzzy Number Intuitionistic Fuzzy Set[J]. Fuzzy Systems & Mathematics, 2007, 21:88-91.

[13] 徐丹青,陈小波. 基于犹豫直觉模糊语言数的多属性决策方法[J]. 淮北师范大学学报(自然科学版), 2016, 37(02):40-45.

[14] MEEL A, SEIDER W D. Plant-specific dynamic failure assessment using Bayesian theory[J]. Chemical Engineering Science, 2006, 61:7036-7056.

[15] FAKHRAVAR D, KHAKZAD N, RENIERS G, et al. Security vulnerability assessment of gas pipelines using Discrete-time Bayesian network[J]. Safety and Environmental Protection, 2017, 111:714-725.

[16] ZHANG L, WU S, ZHENG W, et al. A dynamic and quantitative risk assessment method with uncertainties for offshore managed pressure drilling phases[J]. Safety Science, 2018, 104:39-54.

[17] HAMAIDIA M, KARA M, INNAL F. Probability and Frequency Derivation Using Dynamic Fault Trees[J]. Safety Progress, 2018, 37:535-552.

[18] QIN Y, ZHANG Z, LIU X, et al. Dynamic risk assessment of metro station with interval type-2 fuzzy set and TOPSIS method[J]. Journal of Intelligent & Fuzzy Systems, 2015, 29:93-106.

[19] MARKOVIĆ N, MILINKOVIĆ S, TIKHONOV K S, et al. Analyzing passenger train arrival delays with support vector regression[J]. Transportation Research Part C: Emerging Technologies, 2015, 56:251-262.

[20] ONETO L, FUMEO E, CLERICO G, et al. Dynamic delay predictions for large-scale railway networks: Deep and shallow extreme learning machines tuned via thresholdout[J]. IEEE Trans-

[21] CORMAN F, KECMAN P. Stochastic prediction of train delays in real-time using Bayesian networks[J]. Transportation Research Part C: Emerging Technologies, 2018, 95: 599-615.

[22] 曾壹, 陈峰, 金博汇. 一种调度区段晚点时长的神经网络预测模型[J]. 铁道标准设计, 2019, 063: 148-153.

[23] 黄平, 彭其渊, 文超. 武广高速铁路列车晚点恢复时间预测的随机森林模型[J]. 铁道学报, 2018, 40(249): 6-14.

[24] NAIR R, HOANG T L, LAUMANNS M, et al. An ensemble prediction model for train delays[J]. Transportation Research Part C: Emerging Technologies, 2019, 104: 196-209.

[25] 梁潇, 王海峰, 郭进. 基于贝叶斯网络的列控车载设备故障诊断方法[J]. 铁道学报, 2017(8): 93-100.

[26] 赵阳, 徐田华, 周玉平, 等. 基于贝叶斯网络的高铁信号系统车载设备故障诊断方法的研究[J]. 铁道学报, 2014, 36(11): 48-53.

[27] HUNG C F, HSU W L. Influence of long-wavelength track irregularities on the motion of a high-speed train[J]. Vehicle System Dynamics, 2018, 56(1): 95-112.

[28] FU Y, QIN Y, ZHENG S, et al. Operation safety assessment of high-speed train with fuzzy group decision making method and empirical research[C]//Proceedings of International Conference on Cloud Computing and Internet of Things. Dalian, 2016.

[29] YANG Y, LIU Y, ZHOU M, et al. Robustness assessment of urban rail transit based on complex network theory: A case study of the Beijing Subway[J]. Safety Science, 2015, 79: 149-162.

[30] LI Q, SONG L, LIST G F, et al. A new approach to understand metro operation safety by exploring metro operation hazard network (MOHN)[J]. Safety Science, 2017, 93: 50-61.

[31] LIN S, JIA L, WANG Y, et al. Reliability Study of Bogie System of High-Speed Train Based on Complex Networks Theory[C]. International Conference on Electrical and Information Technologies for Rail Transportation. Heidelberg 2016.

[32] VILANOVA M, FANDINO M, FRUTOS-PUERTO S, et al. Assessment fertigation effects on chemical composition of Vitis vinifera L. cv. Albarino[J]. Food Chemistry, 2019, 278: 636-643.

[33] SONG Y, LI H, LI J, et al. Multivariate linear regression model for source apportionment and health risk assessment of heavy metals from different environmental media[J]. Ecotoxicology and Environmental Safety, 2018, 165: 555-563.

[34] LIANG C Y, ZHANG E Q, QI X W, et al. A Method of Multi-Attribute Group Decision Making with Incomplete Hybrid Assessment Information[J]. Chinese Journal of Management Science, 2009, 17: 126-132.

[35] TIAN Z P, WANG J Q, ZHANG H Y. An integrated approach for failure mode and effects analysis based on fuzzy best-worst, relative entropy, and VIKOR methods[J]. Applied Soft Computing, 2018, 72: 636-646.

第3章

基于人工智能与信号处理的列车关键部件服役状态辨识

3.1 概　述

列车机械部件在使用过程中,必然会产生不同程度的磨损、疲劳、变形或其他损伤;随着时间的延长,它们的技术状态会逐渐变差,导致使用性能下降。一旦发生故障,将造成人员伤亡、财产损失并极大影响轨道交通系统正常运营。因此,部件的状态评估是保障轨道交通安全运行的基础;除此之外,部件预测性维修策略的实现也离不开准确高效的部件状态评估。列车智能感知网络的构建为部件状态监测提供了极为便利的条件。

目前,国内外一般采用振动加速度传感器对轨道交通列车机械部件(如轴承、齿轮箱列车构架等)服役状态进行监测,取得了一系列研究成果[1-2]。主要包括两大类处理方式:信号处理和机器学习。其中信号处理手段对检测检修人员的要求较高,需具备专业知识,在实际操作过程中难以普及;且轨道交通列车运行工况复杂,振动信号非稳态、随机性和信噪比低等特点表现突出,给信号处理带来了巨大的困难;除此之外,信号处理方法在数据层面无法有效利用多传感器信息。计算机技术和传感技术的快速发展以及大量监测数据的获得和积累,使得机器学习方法受到越来越多的青睐。基于机器学习的状态辨识一般包括3个步骤:特征提取、特征选择和状态分类[2]。传统的机器学习方法需耗费工程师大量的精力来提取有效特征,且状态识别的准确性很大程度上取决于特征优劣。

1) 基于人工智能的列车关键部件状态辨识

一般而言,基于人工智能的列车关键部件状态辨识方法首先要对采集原始信号进行故障特征提取,其次根据需要可进行有效特征选择,最后要对各类型的故障信号进行模式识别以确认其故障类型。模式识别作为智能诊断技术的核心,是实现精确故障诊断的重要工具。应用较为广泛的故障模式识别算法包括有监督学习算法,如支持向量机(support vector machine,SVM)、神经网络(neural network,NN)等;无监督学习算法,如K近邻(K-nearest neighbor,KNN)算法等算法[3]。

支持向量机作为一种经典的有监督机器学习方法,该方法通过最大化核映射构造的特征空间中各样本的距离求解出一个线性分类器,较好地解决了高维、小样本等问题。孙珊珊等[4]提出了一种将双树复小波包特征提取与支持向量机分类相结合的故障诊断方法,即首先利用双树复小波包分解重构信号,然后以重构信号的能量特征作为支持向量机的输入,最后利用人工鱼群算法对支持向量机参数寻优。梁治华等[5]针对传统支持向量机分类时容易陷入局部最优的问题,提出一种基于莱维飞行的布谷鸟搜索的参数寻优算法,提高了故障诊断的准确率。

K近邻算法作为无监督学习算法的代表,其根据距离度量的思想利用训练数据集对特征向量空间进行划分从而实现模式识别。该算法具有精度较高、对异常值不敏感和不依赖数据标签等优点。陈法法等[6]利用加权K近邻分类器和混合域特征实现了滚动轴承早期故障诊断,实验结果表明加权K近邻算法能够有效提取低维敏感特征。Pandya等[7]提出了一种基于非对称邻近函数的改进KNN算法,优化了分类时的特征选择,表现出比普通K近邻算法更好的故障诊断诊断效果。

虽然上述故障诊断理论研究取得了一定的效果,但是在实际工业现场情况下的适用性和准确性往往差强人意。由于基于机器学习理论的模式识别方法需要大量有标签数据,而列车关键部件长期处于正常的运行状态,故障状态下获取的监测数据较少,使得监测数据中的信息重复性高、典型故障信息缺失,一定程度上限制了智能故障诊断技术的工业化应用。随着迁移学习这一概念的发展,为我们开辟了一条新的解决思路。

迁移学习是指利用目前已研究掌握的知识或方法解决相似研究领域存在问题的机器学习新方法。它放宽了传统机器学习中同分布的基本假设,目的是迁移已有的知识来解决目标领域中仅有少量有标签甚至没有标签样本数据的学习问题[8]。目前,迁移学习已经开始逐步应用于文本分类、图像及视频识别、音频信号识别和行为模式识别等场景。Pan等[9]总结回顾了现阶段分类、回归和聚类问题迁移学习的最新进展,并且重点讨论了迁移学习与领域适配之间的关系。Pan等[10]提出了迁移成分分析(transfer component analysis,TCA)方法,其利用领域适配的思想建立了一个特征适配的降维框架,并且在跨域室内Wi-Fi本地化和跨域文本分类任务上取得较好的效果。冯海林等[11]利用树木整体图像数据集另一方面,深度学习算法的出现,有效弥补了机器学习中人工设计特征的缺陷,由多个处理层组成计算模型能够从原始数据学习到抽象特征表达[12]。深度学习算法极大地提高了语音识别[13]、视觉对象识别[14]、目标检测[15-16]、文本表示[17]、药物开发[18]、基因组学[19]等许多领域的技术水平。

此外,深度学习算法在机械部件健康检测方面也有一定程度的应用。Chen 等[20]利用稀疏自编码器(sparse auto-encoder,SAE)从轴承信号的统计值中提取具有代表性的特征,利用深度置信网络对健康状况进行了识别。Mao 等[21]提出了一种利用频谱和自编码极值学习机进行故障诊断的方法。在文献[22]中,去噪自动编码器以无监督的方式对无标签数据进行去噪学习,并以振动信号的频谱作为输入,实现了故障诊断。文献[23]利用深度神经网络(DNN)实现故障特征提取和智能诊断,频谱和自动编码器对 DNN 进行预处理。Zhu 等[16]提出了一种基于 SAE 的液压泵故障诊断 DNN,利用傅里叶变换产生的频率特征进行故障诊断。Liu 等利用声音信号短时傅里叶变换(STFT)产生的归一化谱作为基于 DNN 的双层 SAE 的输入。一些研究人员[24-25]将时域特征、频域特征和时频域特征等多域统计特征作为特征融合的一种方式输入 SAE 中。

然而,上述研究并不是完全意义上的从原始数据中学习,而是在振动信号的时频域特征的基础上,通过各类自动编码机实现有效特征的提取,并非真正意义上避免人工设计特征。Feng 等[26]和 Shao 等[27]分别提供了基于不同自动编码器的特征学习方法,无须任何信号预处理或人工特征提取,从而摆脱了对信号处理技术和诊断经验的依赖。但由于输入单元的数量与样本长度相同,导致网络结构庞大,计算成本高,目前样本频率设置越来越高。此外,随着检测技术的进步,如传感器价格的降低和多功能传感器的出现,具有多维数据处理能力的智能诊断方法在当今社会具有越来越重要的意义。

卷积神经网络(convolutional neural network,CNN)是处理图像和其他多维数据[28]最常用的深度学习结构。CNN 的特征表示层可以堆叠起来创建深度网络,这可以使其更有能力对数据中的复杂结构建模。此外,它将为算法提供更多的数据调整空间,有助于提高方法与数据的适应度。深度卷积网络以其强大的非线性表现力和识别能力,在图像[29]、视频[30]、语音[15]和音频[31]的处理上取得了突破性进展。ISO2372 标准文件建议轴承壳体振动速度的测量应在垂直、横向和径向 3 个正交方向进行。因此端到端模型应该具有至少三维数据处理的能力。受此启发,我们的目标是建立一个基于 CNN 的机械设备故障诊断端到端模型,该模型可以从原始数据中学习特征,并可处理高维数据,以实现基于多源信息的机械部件状态全自动辨识。

2)信号处理方法的列车关键部件故障诊断方法

诸如轴承,齿轮箱的旋转机械部件在列车的运行过程中有着重要的作用,对列车旋转机械进行状态监测和性能退化分析对于保障列车安全运行有着十分重要的意义。旋转机械状态监测和性能退化分析技术中的数据形式有声学信号及振动信号。陈冬等[32-35]基于声学信号对铁路列车轴承的退化前期进行了分析。Ren

等[36]提取振动信号的时域特征和频域特征作为深度学习网络的输入,通过深度学习训练方法对轴承的可靠性进行监测。Soualhi 等[37]提取振动信号时域特征,基于隐马尔可夫模型和智能蚁群聚类的方法对轴承的退化状态进行评估。Hong 等[38-39]基于小波包分解方法提取轴承的振动信号特征,分别采用自组织映射和混合高斯模型对轴承的退化性能进行评估。Hong 等[40]基于置信值指标,采用自适应模态分解-自组织映射方法对滚动轴承的退化状态进行划分。Lei 等[41]采用多维混合智能算法对齿轮箱的退化程度和退化类别进行识别。Qu 等[42]采用最小平方支持向量回归(LSSVR)与遗传算法优化相结合的方法对存在噪声的机械振动信号进行分析,实现对机械的风险评估及预测。彭畅等[43]针对高速列车轴承振动信号易受复杂工况下背景噪声及其他部件振源的影响,基于 Moors 谱峭度图的高速列车轴承故障诊断方法。黄海凤等[44]采用盲源分离的方法分离轴承振动信号的干扰,将盲源分离后轴承振动信号的峭度值作为轴承性能评估的敏感特征,利用动态模糊神经网络建立轴承的早期性能退化模型。

机械设备在线数据的激增和硬件设备的性能提升,使深度学习在故障诊断领域内得到了应用和发展。Tamilselvan[45]将深度学习方法应用到航空发动机的故障诊断中。Althobiani 等[46]使用深度学习方法对气缸阀的故障进行辨识。Tang 等[47]和 Zhao 等[48]采用深度学习算法对高速列车转向架故障类型进行辨识。在旋转机械的故障诊断中,Shao 等[49]采用优化深度学习网络模型对轴承进行故障诊断。Shao 等[50]和 Xia 等[51]采用基于深度自动编码的特征学习技术对包括轴承、齿轮箱在内的旋转机械进行状态监测。Zhang 等[52]采用卷积神经网络对轴承在噪声环境下的故障进行辨识。

3.2　基于人工智能的列车关键部件状态辨识

3.2.1　基于浅层迁移学习的关键部件辨识方法

传统的部件状态识别算法很大程度上取决于机器学习分类模型的效果,但是这些传统机器学习方法的良好表现往往需要两个前提条件:①大量的训练样本;②训练样本与测试样本的同分布。然而,在实际工业环境中某些关键部件的实际故障样本难以获取,即存在小样本问题;同时由于其结构大小、运行工况和使用环境的不同,其产生振动信号的数据特征会存在差异,即难以满足同分布条件。迁移学习作为一种挖掘不同领域间共有知识的机器学习方法,能够在一定程度上减少不同领域样本的分布差异,有效地解决了以上两个问题,进而提高了跨领域学习的效率。

图 3-1 针对传统机器学习和迁移学习的过程进行了对比,可以看出传统机器学习只是在单个领域中进行学习和识别,而迁移学习则可以利用辅助领域学习的知识提升任务领域的识别效果,即是指从相关的辅助领域中迁移与任务领域相关的有标签样本或者特征结构,以增强任务领域的识别能力。

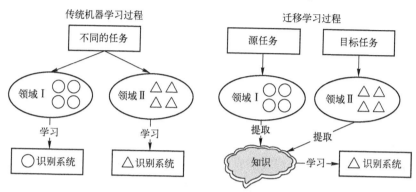

图 3-1 传统机器学习和迁移学习的过程对比

3.2.1.1 联合分布适配和基础分类器 KNN 算法的改进

领域适配(domain adaption)作为迁移学习中的一个重要的研究方向,主要致力于解决不同领域的分布差异问题,其思想是通过适配学习来缩小领域间的概率分布差异。

领域适配的核心问题是最大化地缩小源域与目标域的分布差异,选择合适的分布差异度量非常重要。领域适配算法中最常用的分布差异度量是最大均值差异(maximum mean discrepancy,MMD),该度量的原理是:假设存在一个映射函数 $\phi(\cdot)$,能够将源域和目标域数据映射到同一个再生核希尔伯特空间(reproducing kernel hilbert space,RKHS),利用在该空间下源域和目标域的均值差来度量分布差异。假设源域样本为 $\{x_1^s, x_2^s, \cdots, x_{n_s}^s\}$,目标域样本为 $\{x_1^t, x_2^t, \cdots, x_{n_t}^t\}$,MMD 可表示为

$$\mathrm{MMD}_H^2(x^s, x^t) = \left\| \frac{1}{n_s} \sum_{i=1}^{n_s} \phi(x_i^s) - \frac{1}{n_t} \sum_{i=1}^{n_t} \phi(x_i^t) \right\|_H^2 \tag{3-1}$$

式中:$\|\cdot\|_H$ 为再生核希尔伯特空间的范数。将 MMD_H 平方展开后,RKHS 中的内积可以等价转化为核函数,通过核函数进行计算。

联合分布适配(joint distribution adaptation,JDA)认为领域适配应当同时考虑到边缘分布适配和条件分布适配,即 $P(x_s) \neq P(x_t)$,且 $P(y_s|x_s) \neq P(y_t|x_t)$,其目标是最小化源域与目标域联合概率分布的距离。

$$\mathrm{distance}(D_s, D_t) = \| P(x_s) - P(x_t) \| + \| P(y_s|x_s) - P(y_t|x_t) \| \tag{3-2}$$

由于领域适配问题多为无监督学习,故目标域的标签是未知的,即无法得到 $P(y_t|x_t)$。通常利用类条件概率 $P(x_t|y_t)$ 来替代 $P(y_t|x_t)$,并且利用 KNN 算法或 SVM 算法在源域训练一个分类模型获得目标域的伪标签 $\hat{y}_t$,研究发现传统 KNN 分类器的欧氏距离度量效果不佳,故采用了鲁棒性更好的相关熵距离测度改进了 KNN 分类器,称为 C-KNN 分类器。

定义两个 n 维离散向量 $X=(x_1,x_2,\cdots,x_n)^T$ 和 $Y=(y_1,y_2,\cdots,y_n)^T$,其在样本空间中的相关熵诱导距离测度(correntropy induced metric, CIM)定义如下:

$$\text{CIM}(X,Y) = [k_\sigma(0) - C_\sigma(X,Y)]^{\frac{1}{2}} \tag{3-3}$$

式中:$C_\sigma(X,Y)$ 为离散变量 X 和 Y 的相关熵;$k_\sigma(0)$ 为相关熵在核宽 σ 下的最大值。

3.2.1.2 算法流程

为充分利用实验室环境获取的有标签数据,实现小样本状况下关键部件故障诊断、综合特征提取(提取特征具体如表 3-1 所列)、领域适配以及 C-KNN 分类构建一种小样本状况下的关键部件迁移诊断模型(图 3-2)。

表 3-1 振动信号特征名称列表

序号	特征名称	序号	特征名称	序号	特征名称
1	峰值	9	波形因子	17	均方根频率
2	均值幅值	10	脉冲因子	18	偏斜度频率
3	均方根值	11	裕度因子	19	峭度频率
4	方根幅值	12	偏度因子	20	香农熵
5	绝对平均值	13	峭度因子	21	瑞丽熵
6	方差	14	均值幅值频率	22	功率谱熵
7	标准差	15	重心频率	23	近似熵
8	峰值因子	16	标准差频率	24	能量指标

3.2.1.3 实验验证

本节以滚动轴承为例,验证所提方法的有效性。本节利用由凯斯西储大学轴承数据中心提供充足的滚动轴承有标签数据,结合 3.2.1.2 节中提出的小样本状况下的滚动轴承迁移诊断模型,使其能够对无标签的货车滚动轴承进行故障诊断。

1) 算法有效性测试

本节选用的迁移故障诊断数据集由两部分组成:①由凯斯西储大学公开数据集构成的源域数据集;②由货车滚动轴承数据构成的目标域数据集。

凯斯西储大学公开的轴承数据集包括 3 种故障尺寸的数据,分别为 0.007in、0.014in 和 0.021in(1in≈25.4mm);每种故障尺寸包含 4 种不同负载,分别为 0hp、

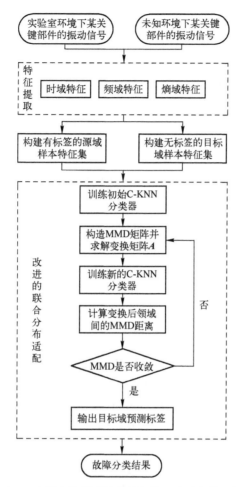

图 3-2 小样本状况下的关键部件迁移诊断模型框图

1hp、2hp 和 3hp(1hp≈745.7W);每种负载包含 4 种健康状态,分别为正常状态、内圈故障、滚动体故障和外圈故障。将每种故障尺寸下包含的所有负载及健康状态的数据划分为一个域,分别为 S_{07}、S_{14} 和 S_{21}。采样频率为 12000Hz,样本长度取 2048 个连续采样点,每种健康状态下的样本数为 60 个,故这 3 个源域数据集的样本数均为 960 个。

目标域数据集由 SKF197726 型货车滚动轴承 4 种不同健康状态下的数据构成,简称 T。具体故障尺寸:内圈滚道剥离故障,尺寸为 10mm×45mm;外圈滚道剥离,尺寸为 10mm×30mm;滚动体表面剥离,尺寸为 8mm×40mm;保持架断裂。采集工况为 1000r/min,垂向载荷为 272kN,采样频率为 12800Hz,样本长度取 2048 个连续采样点,每种健康状态下的样本数为 200 个,故该目标域数据集的样本数为 800 个。

根据以上介绍,本节实验的迁移诊断任务设置为 $S_{07} \rightarrow T$,$S_{14} \rightarrow T$ 以及 $S_{21} \rightarrow T$。为契合货车轴承数据样本标记缺失的特点,目标域数据集 T 中不包含标签信息。

为了验证提出方法的有效性,将其与经典分类算法 KNN、SVM、改进 KNN(C-KNN),以及经典迁移学习算法 TCA 和 JDA 进行实验对比。基于以上介绍的 6 种分类方法,针对 3 个不同迁移任务,每种方法的故障分类准确率及 3 个迁移任务的平均准确率如表 3-2 所列。

表 3-2 不同迁移任务下各种方法的准确率对比

算法	$S_{07} \rightarrow T$	$S_{14} \rightarrow T$	$S_{21} \rightarrow T$	平均准确率/%
KNN	52.25	50.00	65.63	55.96
SVM	60.88	46.63	62.50	56.67
C-KNN	72.38	49.63	72.00	64.67
TCA	73.50	57.38	77.50	69.46
JDA	80.75	70.63	91.25	80.88
浅层迁移学习	89.25	69.13	94.87	84.42

从表 3-2 的实验结果可以看出:①在不同的迁移任务当中,迁移学习方法都要优于传统分类方法,其原因是传统分类方法没有进行领域适配,源域与目标域分布差异过大导致分类效果较差,表明针对不同运转状况及型号的滚动轴承故障诊断,迁移学习是一种有效的解决方式;②在传统分类方法中,C-KNN 算法的整体表现良好,平均分类准确率较高。可能的原因是源域与目标域的某些同名特征差异较大,基于相关熵诱导距离的局部相似性度量起到了良好的抑制作用;③在 3 种迁移学习方法中,JDA 算法和所提出的方法的诊断准确率明显高于 TCA 算法 10% 以上。其根本原因在于 TCA 算法只是考虑了边缘分布适配,而其他两种方法同时考虑了边缘分布和条件分布适配。除此之外,所提出的方法在 $S_{07} \rightarrow T$ 和 $T \rightarrow S_{21}$ 迁移诊断任务上表现略优于 JDA 算法,且平均诊断准确率高出 JDA 方法 4% 左右。一方面,联系对应任务下的 C-KNN 分类准确率可知,其原因在于基础分类器的优势;另一方面,是因为所提出的方法将 JDA 先进行边缘分布适配再进行条件分布适配改为直接进行联合分布适配。以上结果表明,利用所提出的迁移诊断模型能够良好地适配不同领域,从而减少分布差异,实现充足有标签实验数据对货车滚动轴承数据的无监督分类,达到小样本下滚动轴承的迁移诊断的目的。

为进一步验证提出的迁移诊断方法的有效性,将不同迁移学习方法分布适配后的源域样本和目标域样本进行可视化处理。通过 t-分布随机邻域嵌入(t-distribution stochastic neighbor embedding,t-SNE)算法将源域和目标域样本同时降维映射到二维空间,并利用不同的颜色和形状将其表示出来。以迁移诊断任务 $T{\rightarrow}S_{21}$ 为例,降维后可视化的结果如图 3-3 所示。其中,图 3-3(a)为原始的源域样本和目标域样本;图 3-3(b)为经 TCA 分布适配后得到的结果;图 3-3(c)为经 JDA 分布适配后得到的结果;图 3-3(d)为提出方法的分布适配结果;具体的类别介绍见图例。从图 3-3(a)可以看出,未经分布适配的源域与目标域同种类型样本分布差异较大,直接进行分类的话效果较差。从图 3-3(b)可以看出,TCA 算法缩小了数据分布的整体差异,但是由于未考虑条件分布适配,源域与目标域同种类型样本之间的差距仍然较大。从图 3-3(c)可以看出,JDA 算法由于考虑了联合分布适配,同时缩小了源域与目标域样本的条件分布和边缘分布,但是部分滚子故障和外圈故障样本仍有少量错分。从图 3-3(d)可以看出,所提方法同样考虑了联合分布适配,但是错分样本少于 JDA 算法。由以上结果可以得出,基于改进 KNN 算法的联合分布适配方法能同时适配边缘分布与条件分布,且故障分类效率最高。

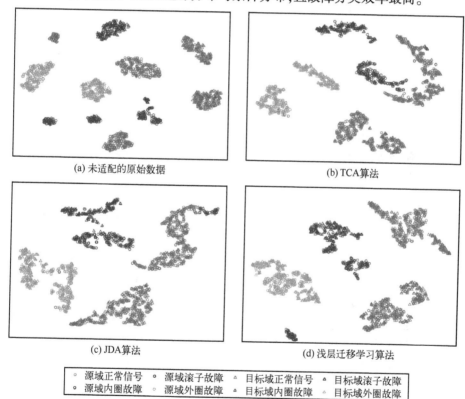

图 3-3 不同算法在迁移任务 $T{\rightarrow}S_{21}$ 下的分布适配结果可视化

为了更进一步验证本书所提出方法的有效性,同样以迁移诊断任务 $T{\rightarrow}S_{21}$ 为例,计算不同迁移学习方法在迭代过程中的 MMD 距离和对应的分类准确率。不同迁移学习方法分布适配距离的变化情况如图3-4(a)所示,对应分类准确率的变化情况如图3-4(b)所示。从图中可以得出以下结论:①TCA算法没有考虑条件分布适配,所以适配后的MMD距离最大;②JDA算法可以同时减小边缘分布和条件分布的距离,因此相比于TCA算法它获得了明显的性能提升;③基于改进KNN的联合分布适配方法更大程度上降低了源域和目标域的距离,其主要原因是:迭代的第一步就进行了联合分布适配;基础分类器改进KNN的鲁棒性优势。

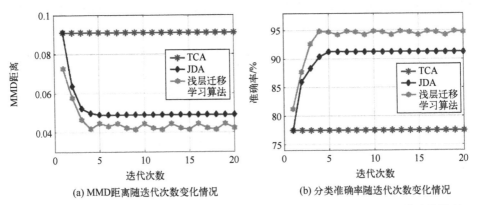

(a) MMD距离随迭代次数变化情况   (b) 分类准确率随迭代次数变化情况

图3-4 在迁移任务$T \to S_{21}$上,领域分布适配的MMD距离和对应的正确率迭代变化情况

特别的是,所提出方法在迭代过程中无法收敛至恒定值的原因在于:基础分类器改进KNN在每次分类时都需要根据训练数据重新估计相关熵距离测度的核宽度σ,因此在最终收敛过程中会产生有规律的轻微波动。

2) 算法参数敏感性测试

本部分利用3个诊断任务进行模型参数的敏感性实验,证明了提出方法的输入参数在相当大范围内都能保持较好的分类效果。

模型正则化参数λ:固定其他的参数不变,利用不同的$\lambda \in [0.001,100]$值分析3个迁移诊断任务,实验参数范围设置为λ。理论上来说,λ控制了分类模型的复杂程度,当$\lambda \to 0$时分类模型的惩罚项值很小,容易导致模型出现过拟合问题。随着λ的逐渐增大,过拟合程度会随之降低。当λ趋近于正无穷时分类模型的惩罚项过大,分类模型未充分学习到数据的内在规律,导致模型出现欠拟合问题。图3-5(a)显示了不同诊断任务下分类准确率随参数λ的变化情况,从中可以看出当$\lambda \in [0.001,1]$时,模型的分类效果比较稳定,属于合理的取值范围。

降维维数m:固定其他参数不变,利用不同的m值分析3个迁移诊断任务,实验参数范围设置为$m \in [3,24]$。理论上来说,m应选取一个折中的数值,因为过小的m值会导致适配后的特征矩阵无法充分表达原有数据的内在信息,过大的m值通常伴随着较大的计算量,失去了降维的意义。图3-5(b)显示了不同诊断任务下

分类准确率随参数 m 的变化情况,从中可以看出 $m \in [9,24]$ 是合理的取值范围,在该范围内模型的分类效果比较稳定,降维得到的适配特征矩阵能够较为全面地表达原有特征矩阵的信息,故实验中一般取 $m=15$。

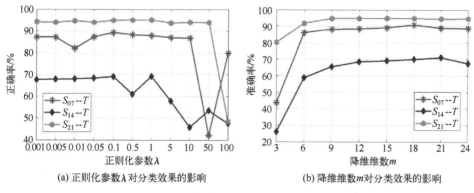

图 3-5　不同模型参数下各迁移任务的分类性能变化

3.2.2　基于多源信息和卷积神经网络的关键部件状态辨识方法

3.2.2.1　基本概念

1）张量表达与信息融合

张量是向量和矩阵的自然推广,1846 年由威廉·罗恩·哈密顿引入,但其现代意义是沃尔德马尔·福格特在 1899 年开始使用的。爱因斯坦在 1916 年用张量阐述广义相对论,之后张量分析开始受到重视并成为强有力的数学工具。在分析力学、流体力学、几何学、电磁理论,特别是连续介质力学的表述中应用广泛[53-54]。

张量是一个定义在一些向量空间和一些对偶空间的笛卡儿积上的多重线性映射[55],其坐标是 $|n|$ 维空间内,有 $|n|$ 个分量的一种量,其中每个分量都是坐标的函数。

令 p、q、m、n 为正整数,$m,n \geq 2$。(p,q) 阶 $(m \times n)$ 维矩形张量含有 $m^p n^q$ 个分量,形如:$A=(a_{i_1,\cdots,i_p,j_1,\cdots,j_q})$,$1 \leq i_1,\cdots,i_p \leq m$,$1 \leq j_1,\cdots,j_q \leq n$。当 $p=q=1$ 时,矩形张量 A 就是一个简单的 $m \times n$ 矩阵。

从数据结构上来看,张量是多维数据,能够将向量、矩阵推广至更高的维度,在人工智能领域是多维数组,很多现有的深度学习系统都是基于张量代数(tensor algebra)而设计的。

信息融合可分为 3 个层次:数据层信息融合、特征层信息融合和决策层信息融合[56]。

数据层信息融合是将直接采集到的各种传感器的原始测报未经预处理就采用一定的手段进行数据的综合和分析。它的优点在于能够保持尽可能多的现场数据,提供其他融层所不能提供的细微信息,最有可能发现较为原始的数据规律。

特征层信息融合是对原始信息进行处理加工,获得提取数据特征(统计特征或其他经验特征)后再一步综合分析与处理。较数据层信息融合而言,实现了一定程度的信息压缩,更适合实时处理,但效果取决于所提特征的效果。

决策层信息融合是最高层次融合,直接为控制决策提供依据。灵活性较高,传输快,容错性好;但决策层信息融合极大程度地依赖于原始信息预处理结果的准确性,一旦处理有误,代价极高。

张量在深度学习方面应用极为广泛,其在数据融合方面有着天然优势,通过将结构复杂的大数据表示成统一简洁高效的数学模型,采用一定的降维算法,能够得到高质量的核心数据集,对大数据的研究具有重大的意义。

2) 卷积神经网络

一个典型的卷积神经网络通常包含输入层(input layer)、若干个卷积层(convolutional layer)、激活层(activation layer)、池化层(pooling layer)及全连接层(fully connected layer),如图 3-6 所示。

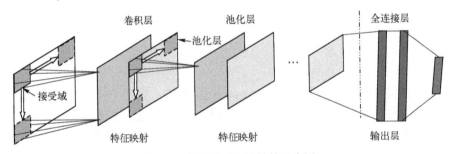

图 3-6　卷积神经网络结构示意图

(1) 输入层。对原始数据进行预处理,包括去均值(zero-centered data):将输入数据各个维度都中心化为 0;归一化(normalized data):将数据幅度归一化到相同的范围,以减少各维度数据取值范围的差异而带来的干扰;白化(whitened):对数据各个特征轴上的幅度归一化。

(2) 卷积层。卷积层是卷积神经网络的核心所在,起的作用相当于滤波器或特征提取层,通过局部感知和权值共享,提取不同特征,第一层卷积可能只提取一些低级的特征如边缘、线条和角等,后续卷积层能够从低级卷积层提取的特征中迭代获取较为复杂的特征,最终实现对输入的高维数据降维处理和自动提取原始数据的核心特征。

(3) 激活层。激活层作用利用非线性激活函数将前一层的线性输出进行非线性处理,以增强网络的非线性表征能力。在深度学习领域,ReLU(rectified-linear unit,修正线性单元)是目前使用较多的激活函数[57],它收敛更快,且不会产生梯度消失问题。

(4) 池化层。池化(pooling)利用网络层数据的局部相关性,实现降采样功能。简单来说就是"采样"在较少数据规模的同时保留有用信息。池化层在连续的卷积层中间,用于压缩数据和参数的量,减小过拟合。最大池化(max pooling)最为常见,它通过取一定矩形区域内的最大值,对数据进行降采样。直觉认为,一个特征对其他特征的相对位置较其精确位置更为重要。池化层在减小数据空间大小的同时,也会很大程度上降低网络参数的数量和计算量,巧妙采样还具备局部线性转换不变性,从而增强卷积神经网络的泛化处理能力,控制了过拟合。一般而言,池化层会周期性地插入卷积层之间,形成"卷积—激活—池化"基本处理栈,在较为纯粹的数据特征提取后,数据维度也已下降至可用"全连接"网络处理,最后输出的结果更为可控。

(5) 全连接层。全连接层与传统神经网络神经元的连接方式相同,两层网络之间的所有神经元都有权重连接,通常设置在卷积神经网络的尾部。它相当于传统的多层感知机(multi-layer perceptron, MLP)。

卷积神经网络具有良好的容错能力、并行处理能力和自学习能力,可以处理环境信息复杂、背景知识不清楚、推理规则不明确情况下的问题,允许样品有较大的缺损、畸变,运行速度快,自适应性能好,具有较高的分辨率,且泛化能力显著优于其他方法。

3.2.2.2 基于多源信息和卷积神经网络的端对端部件状态辨识方法

传统的部件状态识别算法更多依赖于工程师的个人经验设计特征,其质量难以保证,对于多传感器提供的多源信息难以有效融合利用。基于卷积神经网络的多源信息融合方法,有效避免了人工设计特征的复杂性,通过对多个信息源获取的数据和信息进行关联和综合,全面及时评估部件状态信息,实现端对端的部件状态辨识,为部件性能预警和可靠性评估提供必要的技术手段。

基于多源信息融合和卷积神经网络的部件状态辨识方法首先分别对多源信号进行初步归一化处理,以减少噪声干扰,加快程序收敛速度;再采用张量表达,在数据层对多源信号进行融合;最后应用卷积神经网络,实现部件的全自动辨识。

1) 数据层融合和损失函数改进

由于传感技术的快速发展,越来越多的设备监测样本含有多个传感器数据或含有多方向传感器数据,如对轴承进行监测时,通常会采用两向或三向的振动加速度信号,有时还会同时监测其温度数据。因此,在数据层充分融合利用所有的监测数据,最有可能发现新的规律特征。因此,选用张量表达来进行数据层融合。

在此之前,由于数据可能存在量纲不同,需进行归一化,消除不同数据量级的负面影响。

$$x_i' = \frac{x_i - \min(x)}{\max(x) - \min(x)} \quad (3-4)$$

式中:$x=(x_1,x_2,\cdots,x_n)$,是监测数据样本;x_i 是样本 x 的第 i 个监测数据,$i=1,2,\cdots,n$;x_i' 为第 i 个监测数据的归一化结果。

设有 N 组监测数据 $s_1(t),s_2(t),\cdots,s_N(t)$,其中 $t=(t_1,t_2,\cdots,t_n)$。$s_1(t_i),s_2(t_i),\cdots,s_N(t_i)$ 为在时间点 t_i 的值,按式(3-4)归一化后,记为 $S_1(t_i),S_2(t_i),\cdots,S_N(t_i)$。

数据在时间点 t_i 的张量表达为 $T(t_i)=[S_1(t_i),S_2(t_i),\cdots,S_N(t_i)]$,用于后续算法训练的张量表达样本为 $T(t)=[T(t_i)],t=(t_1,t_2,\cdots,t_n)$。为了便于卷积神经网络,张量表达样本将从单一时间维转换为平面维度,如图 3-7 所示。

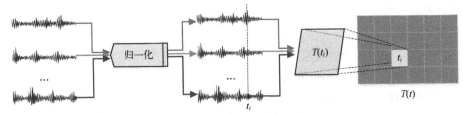

图 3-7 样本归一化及张量表达

在研究中发现,使用复合损失函数较单一损失函数,卷积神经网络收敛性更快,因此,采用了对数似然损失和交叉熵误差损失的均值作为卷积神经网络的损失函数。

2) 算法流程

整体算法流程如图 3-8 所示,文中使用了 11 层结构的卷积神经网络,结构如图 3-8 右侧。主要的模型参数如表 3-3 所列,模型输入大小取决于传感器数据的数量及其变形后平面大小。

表 3-3 CNN 模型参数表

层	尺 寸
输入	(None,128,128,3)
卷积层 1	[5,5,3,32]
池化层 1	[1,2,2,1]
卷积层 2	[5,5,32,64]
池化层 2	[1,2,2,1]
卷积层 3	[3,3,64,128]
池化层 3	[1,2,2,1]
卷积层 4	[3,3,128,128]
池化层 4	[1,2,2,1]
全连接层 1	[6×6×128,1024]
全连接层 2	[1024,512]
全连接层 3	[512,4]

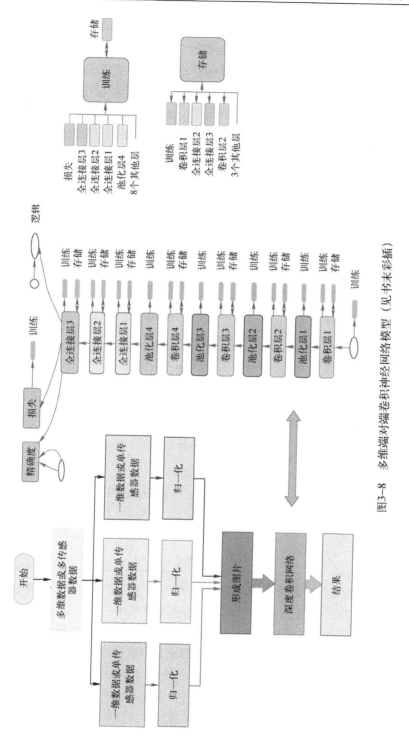

图3-8 多维端对端卷积神经网络模型（见书末彩插）

3.2.2.3 实验验证

滚动轴承是旋转机械设备中的重要部件[58],受恶劣工作环境影响,其极易受到各类损伤,并导致停机、经济损失及其他严重后果[59];尤其在发动机中,约41%的故障是由轴承引起的[60]。因此本节以滚动轴承为例,验证所提方法的有效性。

本次实验采用凯斯西储大学轴承数据中心提供的 6205-2RS JEM SKF 轴承振动加速度数据[61],其实验装置如图3-9所示。主要实验设备包含2hp(1.49kW)电机,扭矩编码器和功率计。实验数据包含正常、外圈故障、内圈故障、滚动体故障4种轴承状态的振动加速度数据,采样频率为12kHz。实验分别对算法的有效性和多工况不同故障程度下的鲁棒性进行了测试。

图 3-9 实验装置

1) 算法有效性测试

(1) 实验数据描述及预处理。

实验选用的故障程度为 0.007in 的轴承数据,如表 3-4 所列。

表 3-4 数据描述

数据集	载荷/hp	转速/(r/m)	内圈故障	滚动体故障	外圈故障	正常
W_D_0	0	1797	IR007_0	B007_0	OR007@6_0	Normal_0
W_D_1	1	1772	IR007_1	B007_1	OR007@6_1	Normal_1
MIXED			W_D_0 + W_D_1			

表中文件分别包含驱动端、负载端和基准振动加速度3组数据。本次实验分别对数据集 W_D_0 和 W_D_1 进行测试。多源信息较单一数据能够提供更多的有用信息,并显著提升算法的准确性。为验证此结论,本节分别将驱动端,驱动端加负载端,驱动端、负载端加基准振动加速度数据分别进行测试,并分别命名为 One_test、Two_test、Three_test 实验数据。将数据进行分段,每段1024点,在将数据进行归一化处理后,表达为三维张量128×8×3,每个维度为轴承状态在不同位置上的信息表示。每个数据集及不同故障模式样本数量如表3-5所列。

表 3-5 数据集样本量

测试		内圈故障样本数	滚动体故障样本数	外圈故障样本数	正常样本数	样本总数
W_D_0	One_test Two_test Three_test	118	119	119	238	594
W_D_1	One_test Two_test Three_test	119	118	119	472	828
MIXED	One_test Two_test Three_test	237	237	238	710	1422
标签		0	1	2	3	—

为了更直观地展示不同样本数据之间的差异,由于本实验采用了三维的样本数据,因此可采用图像形式进行表征,即将不同维度上的信息与图像的 RGB 值一一对应,维度缺失时,用 0 代替。图 3-10 显示了内圈故障、滚动体故障、外圈故障及正常状态轴承的图像表达。由于正常状态故障数据缺少基准振动加速度数据,故而图 3-10 N_Two_test 和 N_Three_test 两张子图相同。

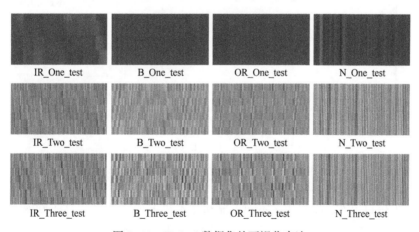

图 3-10 W_D_0 数据集的可视化表达

(2) 相同故障程度不同工况准确率对比。

实验分别对 W_D_0、W_D_1 两组数据集的一维至三维张量样本进行了准确率测试。实验采用 5 折交叉法取准确率平均值,最大迭代次数为 100,学习速率为 0.001。结果如图 3-11 所示,其中红色线、蓝色线和绿色线分别代表三维样本数据、二维样本数据和一维样本数据;实线和虚线分别代表训练阶段和测试阶段算法准确率变化情况。

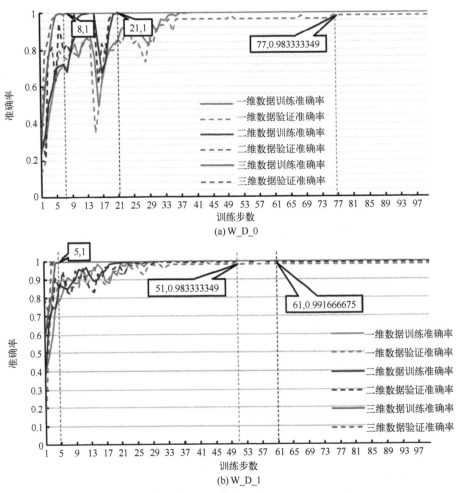

图3-11 算法准确率结果对比图(见书末彩插)

由图3-11可知,该方法在不同工况和样本集下的准确率均高于98%,有效验证了本章方法的有效性;除此之外,图3-11(a)和图3-11(b)在3个数据源的情况下,取得了100%的准确率;更重要的是,三源信号数据在训练和测试过程中,以最高的精度和最少的迭代数量达到稳定状态,实现了轴承状态的有效辨识,这充分说明了所提基于CNN的多源端对端状态辨识算法能够充分利用多传感器信息,高精度、高效率实现轴承状态辨识。即使在图3-11(b),使用二维张量数据样本较一维张量样本多10次迭代,但在准确率方面从98.33%上升到99.16%,提升了近1个百分点。在计算能力发展极为快速的今天,对迭代次数增加所耗时间而言,此种情况下准确率的提升显得更有意义。

(3) 相同故障程度混合工况准确率对比。

在轨道交通列车,尤其是城市轨道交通列车中,受频繁加减速和上下车乘客影响,其轴承旋转速度和载荷经常变化。传统轴承状态辨识方法通常将不同工况(速度、载荷等)下的轴承状态在训练和测试过程中作为新类别[62-65],但实际情况工况随时变化,难以一一列举,因此,急需提出一种能够应对多工况条件下轴承状态辨识的有效方法。本节将上一实验的 W_D_0 和 W_D_1 数据混合形成包含两种速度和载荷情况的混合数据(MIXED dataset),见表 3-5,以验证所提方法的准确性。

如图 3-12 所示,在混合工况下,本章所提模型在轴承故障状态辨识方面仍然表现出了极高的准确性。在 3 种传感器信息综合应用下,所提模型的准确率达到了 100%,并在第 10 次迭代收敛。在信息量略少的情况下(两个传感器额定数据),在算法精度不受影响的情况下,迭代次数仅增加了 8 次。即使只应用单传感器信息,本章所提模型仍然获得了超过 99% 的分类精度,充分验证了基于 CNN 的多源端对端状态辨识模型在相同故障程度、混合工况下的优异性能。

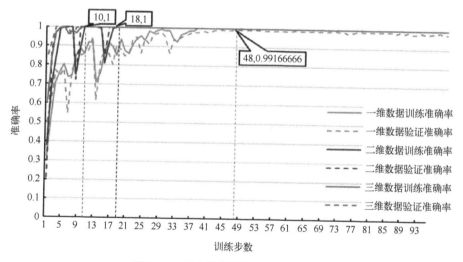

图 3-12 混合数据结果(见书末彩插)

(4) 算法效率分析。

本节对多源端对端状态辨识算法效率进行了实验,在信号处理和 CNN 结构及其他参数保持不变的情况下,算法停止条件设置为损失值达到 1.0×10^{-4} 或者迭代次数达到 100 次。W_D_0、W_D_1 和混合数据集样本量分别设置为 594、596 和 597。

算法测试环境为 Intel(R) Core(TM) i7-4790 CPU @3.6Hz,内存 8.00GB,三星固态硬盘 850 PRO 128GB 和 WDC WD10EZEX-08M2NA0 和英伟达 GPU NVIDIA GeForce GTX 750。

图 3-13 以混合数据集为例,显示了所提算法在训练和测试过程中迭代次数与目标损失之间的关系,并对比了算法在信息量不同情况下的收敛性。如图 3-8 中红色实线和虚线所示,当算法迭代次数超过 5 次时,所提基于 CNN 的多源端对端状态辨识模型的目标损失趋于稳定并降至最低;然而蓝色线和绿色线分别在迭代次数为 19 和 38 次之后逐渐稳定。因此,本章所提算法在多源信息处理方面表现出了优异的性能,可用信息量越多,模型收敛速度越快。

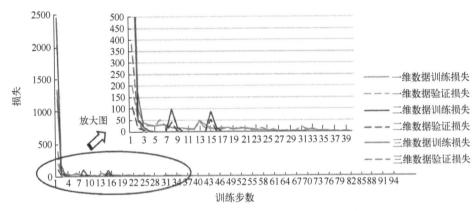

图 3-13 混合数据集下算法收敛性对比(见书末彩插)

表 3-6 显示了 3 个数据集,3 种信息量情况下,所提算法的最小损失和消耗时间结果。本模型在信息量最多的情况下以最小的损失和最短的时间达到了最高精度。数据信息越多,算法精确度越高,且耗时越短。针对单源和二源传感器数据,需考虑消耗时间和准确性之间的平衡关系。

表 3-6 算法效率对比

数据	样本量	训练迭代次数	损失		准确率		用时
			训练	验证	训练	验证	
W_D_0 数据	一维数据	594	100	0.0008	6.5871	1	0.9833	136.0765
	二维数据		100	0.0005	0.0007	1	1	199.2847
	三维数据		56	1.05×10^{-5}	9.5×10^{-5}	1	1	75.0144
W_D_1 数据	一维数据	596	100	0.000193	2.4752	1	0.9833	137.8747
	二维数据		100	0.000102	0.7449	1	0.9917	138.0615
	三维数据		22	5.63×10^{-5}	8.9×10^{-5}	1	1	31.8715

续表

数　据	样本量	训练迭代次数	损　失		准确率		用　时
			训练	验证	训练	验证	
混合数据	一维数据	597	100	0.000101　　1.98543	1	0.9792	139.5175
	二维数据		91	$1.67×10^{-5}$　　$9.4×10^{-5}$	1	1	126.2803
	三维数据		41	$6.43×10^{-6}$　　$8.9×10^{-7}$	1	1	57.9406

（5）数据量对算法的影响。

数据量是影响现代非线性机器学习方法性能,尤其是深度学习方法性能的关键要素之一[66]。图 3-14 是 Jason 提出的数据量和算法性能之间的关系图。因此,本节进行了另一项实验,以探讨数据量对基于 CNN 的多源端对端模型性能的影响。

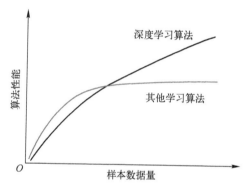

图 3-14　样本数据量与算法性能之间的关系图[66]

本实验在混合数据集上分别选择 100%、50%、25% 和 10% 比例的数据量,并在三维样本和一维样本情况下分别进行了测试,4 组数据量如表 3-7 所列。

表 3-7　测试数据集样本量

比　　例		100%	50%	25%	10%
混合数据	一维数据	1422	711	355	142
	三维数据				

结果如图 3-15 所示。图 3-15(a)表明,算法准确性在数据量最大时达到最高,并随着数据量的减少而降低,验证了 Jason 的结论;图 3-15(b)表明,在信息较多的情况下,数据量越大,算法收敛得越快,且在收敛过程中波动性越小。因此,在数据量较小的情况下,可采用多种手段获取多源信息,提高算法准确性。当然,若

多源数据难以获取,适当地增加数据量是提高算法性能的必要方法。

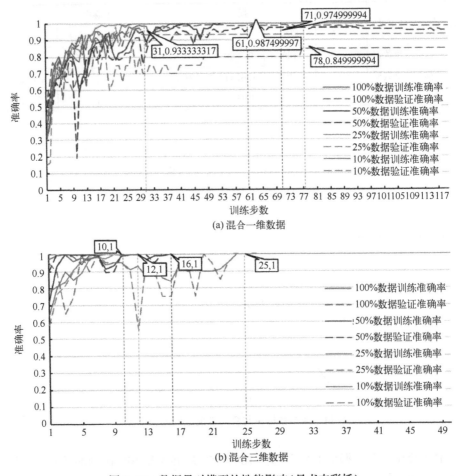

图 3-15 数据量对模型的性能影响(见书末彩插)

上述实验验证了基于 CNN 的多源端对端状态辨识算法在故障程度相同、两种相近及其混合工况条件下轴承状态辨识的有效性;在信息量和数据量方面进行了分析,得出结论:所提算法在轴承状态辨识正确率方面表现优异,且在有效信息越多、可用数据量越大的情况下模型准确性越高、收敛越快。

2) 算法扩展测试

上一小节对算法在相同故障程度,两种相近及其混合工况下的轴承状态辨识进行了实验,实验结果良好。然而实际工况更复杂,速度及载荷变化范围更大。因此,为进一步验证本方法在状态辨识方面的鲁棒性,本小节对不同故障程度,多类混合工况下的轴承故障数据进行辨识。实验仍采用西储大学轴承数据中心提供的数据集,轴承故障程度为 0.007in、0.014in 和 0.021in,运行速度和载荷变化范围分别是 1797~1730r/min,0~3hp(0~2.237kW)。所用数据如表 3-8 所列[61]。

表 3-8 扩展实验数据

故障尺寸	载荷/hp	转速/(r/min)	内圈故障	滚动体故障	外圈故障	正常
0.007"	0	1797	IR007_0	B007_0	OR007@6_0	Normal_0
	1	1772	IR007_1	B007_1	OR007@6_1	Normal_1
	2	1750	IR007_2	B007_2	OR007@6_2	Normal_2
	3	1730	IR007_3	B007_3	OR007@6_3	Normal_3
0.014"	0	1797	IR014_0	B014_0	OR014@6_0	—
	1	1772	IR014_1	B014_1	OR014@6_1	—
	2	1750	IR014_2	B014_2	OR014@6_2	—
	3	1730	IR014_3	B014_3	OR014@6_3	—
0.021"	0	1797	IR021_0	B021_0	OR021@6_0	—
	1	1772	IR021_1	B021_1	OR021@6_1	—
	2	1750	IR021_2	B021_2	OR021@6_2	—
	3	1730	IR021_3	B021_3	OR021@6_3	—
标签			0	1	2	3

图 3-16 展示了文件 IR007_3、B007_3、OR007_3、IR014_2、B014_2、OR014_2、IR021_1、B021_1、OR021_1 的三维信息数据图像表达,相同故障模式、不同工况下的数据样本,其图像表达完全不同,人眼难以有效识别。

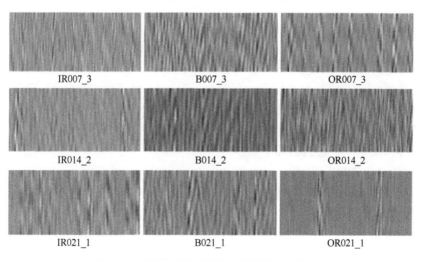

图 3-16 不同工况下的轴承故障样本图像表达

结果如图 3-17 所示,基于 CNN 的多源端对端模型在训练和测试过程中分别获得了 100% 和 99.21% 的准确率,且算法收敛速度很快。实验表明:所提模型在多故障程度、多种复杂工况下仍然表现出了较高的准确率和较快的收敛速度,为实际工况下轴承故障辨识提供了可靠的技术支撑。

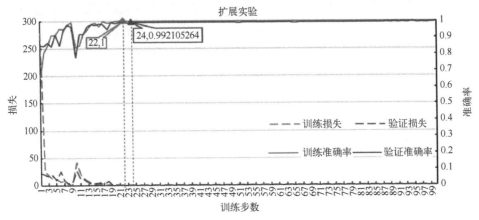

图 3-17 复杂情况下的算法性能(见书末彩插)

3.3 基于信号处理方法的列车关键部件故障诊断方法

3.3.1 循环平稳基本理论

3.3.1.1 定义

广义循环平稳过程是指统计特征展现出特定周期性的随机过程。如果随机过程 $\{x(t)\}_{t\in R}$ 的概率密度函数存在某个 T 满足:

$$p(x(t_1),x(t_2),\cdots,x(t_k)) = p(x(t_1+L_1T),x(t_2+L_2T),\cdots,x(t_k+L_kT)) \quad (3-5)$$

式中: $L_i(i=1,2,\cdots,k)$ 为任意整数,则称随机过程为严格循环平稳随机过程。

通常情况下,对循环平稳随机过程的研究都是在广义循环平稳意义上展开的,因此简称广义循环平稳为循环平稳。

3.3.1.2 分类

依据循环平稳过程周期性的统计特征的不同,循环平稳随机过程可分为一阶、二阶和高阶循环平稳。

如果随机过程 $x(t)$ 的一阶矩 $m_x(t)$ 满足

$$m_x(t) = m_x(t+T) \quad (3-6)$$

则称 $x(t)$ 为一阶循环平稳。

如果随机过程 $x(t)$ 的自相关函数 $R_x(t,\tau)$ 满足

$$R_x(t,\tau) = R_x\left(t+T+\frac{\tau}{2}, u+T-\frac{\tau}{2}\right) \tag{3-7}$$

则称 $x(t)$ 为二阶循环平稳。

如果随机过程 $x(t)$ 的 k 阶矩 $m_{kx}(t,\tau_1,\tau_2,\cdots,\tau_{k-1})$ 满足

$$m_{kx}(t,\tau_1,\tau_2,\cdots,\tau_{k-1}) = m_{kx}(t+T,\tau_1,\tau_2,\cdots,\tau_{k-1}) \tag{3-8}$$

则称 $x(t)$ 为高阶循环平稳。

3.3.2 循环相关熵与循环相关熵谱

3.3.2.1 循环相关熵的定义

假设相关熵函数具有周期性且其周期为 T_0,则其满足下式

$$V_x(t+T_0,\tau) = V_x(t,\tau) \tag{3-9}$$

式(3-9)可以写为

$$V_x(t,\tau) = \lim_{N\to\infty} \frac{1}{2N+1} \sum_{n=-N}^{N} \kappa[x(t+nT_0) - x(t+\tau+nT_0)] \tag{3-10}$$

式中:N 为数据长度;κ 为核函数。

用傅里叶级数表示为

$$V_x(t,\tau) = \sum_{\alpha} V_x^{\alpha}(\tau) e^{j2\pi\alpha t} \tag{3-11}$$

式中 $\alpha = n/T, n \in Z$ 称为循环频率或与轮对轴承故障特征相关的故障频率,则傅里叶级数的系数可表示为

$$V_x^{\alpha} = \frac{1}{T_0} \int_{-T_0/2}^{T_0/2} V_x(t,\tau) e^{-j2\pi\alpha t} dt \tag{3-12}$$

信号 $x(t)$ 的循环相关熵函数可以定义为 V_x^{α} 的傅里叶级数,由下式表示

$$V_x^{\alpha} = \lim_{T\to\infty} \frac{1}{T} \int_{-T/2}^{T/2} \kappa(x(t),x(t+\tau)) e^{-j2\pi\alpha t} dt \tag{3-13}$$

3.3.2.2 循环相关熵的性质

(1) 设 $x(t)$ 和 $y(t)$ 是两个随机过程,其联合概率概率密度函数 $f_{XY}^{PDF}(x,y)$ 不随时间改变,则其事变互相关熵 $V_{xy}(t,\tau)$ 是收敛的。

(2) 设 $x(t)$ 是一个随机过程,则 $x(t)$ 的循环自相关熵 $V_x(\xi;\tau)$ 满足:

$$V_x(\xi;\tau) = V_x(\xi;-\tau)$$

(3) 设 $x(t)$ 是一个随机过程,则循环相关熵 $V_x(\xi;\tau)$ 包括 $x(t)$ 和 $x(t+\tau)$ 的所有偶数阶混合矩的时间平均。

3.3.2.3 循环相关熵谱的定义

循环相关熵谱密度函数 $S_x(\xi;f)$ 简称为循环相关熵谱,它是循环相关熵的傅里

叶变换,其定义式为

$$S_x(\xi;f) = \int_{-\infty}^{\infty} V_x(\xi;\tau) e^{-j2\pi f\tau} d\tau \tag{3-14}$$

循环相关熵谱密度向循环频率域上的投影函数 $P_x(\xi)$ 简称为循环相关熵谱投影,它是循环频率 ξ 的函数。当循环频率固定时,它的取值是对应于循环频率 ξ 的循环相关熵的最大值,定义式为

$$P_x(\xi) = \max S_x(\xi;f) \quad (f \in \mathbf{R}, \mathbf{R} \text{ 为实数集}) \tag{3-15}$$

3.3.3 支持向量机原理

支持向量机(SVM)是由 Vapink 提出的基于结构风险最小化原理的机器学习方法,对小容量样本和高维非线性数据有优秀的泛化和识别能力。其思想是建立超平面作为决策曲面,使得不同类别样本的隔离边缘被最大化。SVM 最开始用来解决线性的二分类问题,根据支持向量的几何间隔建立线性的最优超平面。

3.3.3.1 最优分类超平面构造

在深入描述 SVM 原理之前,需要先明确分类面的思想。最简单的分类面是线性分类面,考虑两分类问题,用 n 维向量 $\boldsymbol{x}$ 表示一组数据样本,$\boldsymbol{v}$ 为一参数向量,$\boldsymbol{v}^\mathrm{T}$ 为其转置,用 y 表示类别属性,其元素的取值范围为 $[-1,1]$,代表两个不同的类别。一个 n 维数据空间中的超平面,其方程可表示为

$$(\boldsymbol{v} \cdot \boldsymbol{x}) + b = 0 \tag{3-16}$$

若式(3-16)满足如下条件:

$$\begin{cases} \langle \boldsymbol{v}^\mathrm{T} \cdot \boldsymbol{x} \rangle + b \geq 1 & (y=1) \\ \langle \boldsymbol{v}^\mathrm{T} \cdot \boldsymbol{x} \rangle + b \leq -1 & (y=-1) \end{cases} \tag{3-17}$$

则称该样本线性可分。令 $f(x) = \langle \boldsymbol{v}^\mathrm{T} \cdot \boldsymbol{x} \rangle + b$,若 $f(x) = 0$,则 x 在超平面 H 上;若 $f(x) \leq -1$,或 $y = -1$,则 x 位于超平面 H 的 H_1 侧;若 $f(x) \geq 1$,或 $y = 1$,则位于超平面 H 的 H_2 侧。根据式(3-17)可以得到如下的统一形式:

$$y_i[(\boldsymbol{v} \cdot \boldsymbol{x}_i) + b] - 1 \geq 0 \quad (i=1,2,\cdots,n) \tag{3-18}$$

图 3-18 中在 H_1 和 H_2 上的样本,就是支撑训练样本,即所谓的支持向量(SV)。为了使分类超平面能够最大限度地区分两类样本,则需要使两类样本间隔最大化,满足下面二次优化问题的最优解所得到的就是最优超平面。

$$\min \quad \Phi(\boldsymbol{v}) = \frac{1}{2} \|\boldsymbol{v}\|^2 \tag{3-19}$$
$$\text{s.t.} \quad y_i[(\boldsymbol{v} \cdot \boldsymbol{x}_i) + b] - 1 \geq 0 \quad (i=1,2,\cdots,n)$$

然而,最大间隔分类器总是会完美地产生一个没有训练误差的一致假设,当某

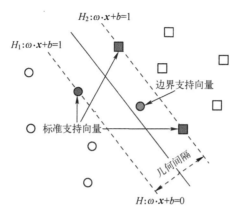

图 3-18 最优分类超平面示意图

些样本不能线性可分时,最大几何间隔小于 0,没有意义。因此,为在一定程度上允许个别样本违反间隔约束,而不影响整体分类效果,通常引入松弛变量来解决这一问题。于是式(3-19)转化为

$$\begin{cases} \min \Phi_1(\boldsymbol{v},\xi) = \dfrac{1}{2}\|\boldsymbol{v}\|^2 + \gamma \sum_{i=1}^{n}\xi_i \\ \text{s. t.} \quad y_i[\langle \boldsymbol{v}\cdot\boldsymbol{x}\rangle + b] \geq 1-\xi_i \\ \xi_i \geq 0, \quad i=1,2,\cdots,n \end{cases} \quad (3\text{-}20)$$

式中:Φ_1 为目标函数;ξ_i 为松弛变量;γ 为惩罚系数。这类具有线性约束的凸优化问题,最有效的求解方法是构造拉格朗日函数,通过求解对偶问题得到最优解,这就是线性可分条件下 SVM 对偶算法。通过给约束条件引入拉格朗日乘子 α,得到目标函数表达式为

$$\max_{\alpha_i>0} L(\boldsymbol{v},b,\alpha) = \dfrac{1}{2}\|\boldsymbol{v}\|^2 - \sum_{i=1}^{n}\alpha_i(y_i(\boldsymbol{v}^{\mathrm{T}}\boldsymbol{x}_i + b) - 1) \quad (3\text{-}21)$$

经过对偶变换,原问题等价于:

$$\begin{cases} \max_{\alpha,\beta} \min_{\boldsymbol{v},b,\xi}\left\{L = \dfrac{1}{2}\|\boldsymbol{v}\|^2 + \gamma\sum_{i=1}^{n}\xi_i - \sum_{i=1}^{n}\alpha_i[y_i(\langle \boldsymbol{v}\cdot\boldsymbol{x}_i\rangle + b) - 1 + \xi_i] - \sum_{i=1}^{n}\beta_i\xi_i\right\} \\ \text{s. t.} \quad \alpha_i > 0, \beta_i > 0 \end{cases}$$

$$(3\text{-}22)$$

式中:α_i 和 β_i 为拉格朗日乘子,构造拉格朗日函数的目的就是能够求取 v 和 b 的极小值。

根据 Karush-Kuhn-Tucker(KKT)条件,分别计算式(3-19)对 v 和 b 的齐次偏导数,见式(3-20)。于是将原函数转化为式(3-24)所示的对偶问题。

$$\begin{cases} \dfrac{\partial L}{\partial \boldsymbol{\omega}} = \boldsymbol{v} - \sum_{i=1}^{n} y_i \alpha_i \boldsymbol{x}_i = 0 \\ \dfrac{\partial L}{\partial \xi} = \gamma - \alpha_i - \beta_i = 0 \\ \dfrac{\partial L}{\partial b} = \sum_{i=1}^{n} y_i \alpha_i = 0 \end{cases} \quad (3\text{-}23)$$

$$\begin{cases} \max\limits_{\alpha} \left[L_D = \sum_{i=1}^{n} \alpha_i - \dfrac{1}{2} \sum_{i,j=1}^{n} y_i y_j \alpha_i \alpha_j \langle x_i, x_j \rangle \right] \\ \text{s.t.} \quad 0 \leqslant \alpha_i \leqslant \gamma \\ \sum_{i=1}^{n} \alpha_i y_i = 0 \end{cases} \quad (3\text{-}24)$$

最后,运用序列最小优化(sequential minimal optimization,SMO)算法进行求解,该问题的结果为

$$\begin{cases} \alpha_i = 0 & (1) \\ 0 < \alpha_i < \gamma & (2) \\ \alpha_i = \gamma & (3) \end{cases} \quad (3\text{-}25)$$

通常大部分样本点的结果符合(1)的情形,只有相对较少的结果对应(2)和(3),这类样本点就是支持向量。结果(2)对应的 x_i 为标准支持向量(normal support vectors,NSV),结果(3)对应的 x_i 为边界支持向量(boundary support vectors,BSV),即错分的样本点。计算出 α_i 便能求 v 和 b:

$$\begin{cases} v = \sum_{i=1}^{n} \alpha_i y_i \boldsymbol{x}_i \\ b = \dfrac{1}{N_{\text{NSV}}} \sum_{x_i \in \text{NSV}} y_i - \sum_{x_j \in \text{SV}} \alpha_j y_j \langle \boldsymbol{x}_i \cdot \boldsymbol{x}_j \rangle \end{cases} \quad (3\text{-}26)$$

基于以上分析,最终得到的最优分类函数为

$$f(x) = \text{sgn}[\langle \boldsymbol{v}^{\text{T}} \cdot \boldsymbol{x} \rangle + b] = \text{sgn}\left[\underbrace{\sum_{i=1}^{n} \alpha_i y_i \langle \boldsymbol{x}_i^{\text{T}} \cdot \boldsymbol{x} \rangle}_{\langle \boldsymbol{v}^{\text{T}} \cdot \boldsymbol{x} \rangle} + \underbrace{\dfrac{1}{N_{\text{NSV}}} \sum_{x_i \in \text{NSV}} y_i - \sum_{x_j \in \text{SV}} \alpha_j y_j \langle \boldsymbol{x}_i \cdot \boldsymbol{x}_j \rangle}_{b} \right]$$
(3-27)

3.3.3.2 非线性情形

经验可知,大多数的数据情形是非线性可分的,且目前没有直接解决非线性问题的方法论。一般将其通过数学变换映射为高维的线性可分的数据空间,来计算最优分类面。然后根据式(3-27)计算它与训练数据点的内积即可。

假设一非线性的样本集合为 $[(x_i, y_i) \mid i \in n]$,经过映射后变换为另一数据空

间 $[(\Phi(x_i), y_i) | i \in n]$，在该空间内线性可分，因此变换后的数据空间存在相应的分类函数为

$$f(x) = \text{sgn}\left(\sum_{i=1}^{n} \alpha_i y_i \langle \phi(x_i^T) \cdot \phi(x) \rangle + b\right) \quad (3\text{-}28)$$

式(3-28)计算内积，并不需要明确 $\phi(x)$ 的具体形式，因此省去了烦琐的计算复杂度和冗繁的数据维度，这是应对非线性可分情形的高效解决办法。若用函数表示式(3-28)的内积为

$$K(x_i \cdot x) = \langle \phi(x_i^T) \cdot \phi(x) \rangle \quad (3\text{-}29)$$

则最优分类面为

$$f(x) = \text{sgn}\left(\sum_{i=1}^{n} \alpha_i y_i K(x_i \cdot x) + b\right) \quad (3\text{-}30)$$

其中，参数 b 计算如下：

$$b = \frac{1}{N_{\text{NSV}}} \sum_{x_i \in \text{NSV}} y_i - \sum_{x_j \in \text{SV}} \alpha_j y_j K(x_i \cdot x_j) \quad (3\text{-}31)$$

根据统计学习理论，由于只需内积运算，无须明确非线性变换的形式。Hilbert-Schmit 原理指出，这里的 $K(x_i, x)$，必须是满足 Mercer 条件的核函数。SVM 通过核函数来解决在原始空间中线性不可分的问题，其优势就在于，不会增加非线性扩展在计算量上的复杂度。在线性不可分的情况下，SVM 通过某种已知的核函数将输入变量映射到一个高维特征空间，在这个空间中构造最优分类超平面。使用 SVM 进行数据集分类工作，首先是用预先选定的核函数将输入空间映射到高维特征空间。

目前多种核函数被广泛应用，这里列举了 14 个最常见的核函数，如表 3-9 所列。

表 3-9 常用的核函数

名 称	函数表达式
线性核函数	$K(x \cdot y) = x^t y$
多项式核函数	$K(x \cdot y) = (ax^t y + c)^d$
高斯核函数	$K(x \cdot y) = \exp\left(-\frac{\|x-y\|}{2\sigma^2}\right)$
指数核函数	$K(x \cdot y) = \exp\left(-\frac{\|x-y\|}{\sigma}\right)$
S 曲线核函数	$K(x \cdot y) = \tan(\alpha x^t y + c)$
Anova 核函数	$K(x \cdot y) = \exp[-\sigma(x^k - y^k)^2]^d$

续表

名　　称	函数表达式
二次有理核函数	$K(x \cdot y) = 1 - \dfrac{\|x-y\|^2}{\|x-y\|^2+c}$
多元二次核函数	$K(x \cdot y) = (\|x-y\|^2+c^2)^{0.5}$
波形核函数	$K(x \cdot y) = \dfrac{v}{\|x-y\|} \sin\left(\dfrac{\|x-y\|}{v}\right)$
三角核函数	$K(x \cdot y) = -\|x-y\|^d$
对数核函数	$K(x \cdot y) = -\log(1+\|x-y\|^d)$
T次样条核函数	$K(x \cdot y) = 1 + x^t y + x^t y \min(x,y) - \dfrac{x+y}{2}\min(x,y)^2 + \dfrac{1}{3}\min(x,y)^3$
柯西核函数	$K(x \cdot y) = \dfrac{1}{\dfrac{\|x-y\|^2}{\sigma}+1}$
TS核函数	$K(x \cdot y) = \dfrac{1}{1+\|x-y\|^2}$

3.3.3.3　最小二乘支持向量机

最小二乘支持向量机(least square support vector machine,LSSVM)利用结构风险原则,在优化目标中选取了与SVM不同的损失函数,即用最小二乘思想构造间隔误差的2范数来取代SVM的误差1范数。因此,式(3-22)所示的二次凸优化问题,可转化为

$$\begin{cases} \min \Phi_2(v,\gamma,e) = \dfrac{\mu}{2}\|v\|^2 + \dfrac{\zeta}{2}\sum_{i=1}^{n} e_i \\ \text{s.t.} \quad y_i[\phi(x_i)+b] = 1 - e_i, \quad i=1,2,\cdots,n \end{cases} \quad (3-32)$$

式中:e_i为量化的间隔误差,其作用也是作为松弛变量引入,这样LSSVM将不等式约束转变为等式约束的改进方法,即将一个QP问题转变为解线性方程组的问题,这使得求解拉格朗日乘子$\alpha_i>0$的复杂度大大降低。将y_i乘以松弛变量e_i,并基于$y_i^2=1$,平方误差总和可表示为

$$\sum_{i=1}^{n} e_i^2 = \sum_{i=1}^{n}(y_i e_i)^2 = [y_i - (v^{\mathrm{T}}\phi(x)+b)]^2 \quad (3-33)$$

其中,有

$$e_i = y_i - [v^{\mathrm{T}}\phi(x)+b] \quad (3-34)$$

因此,LSSVM分类器的目标函数可以简化为

$$\begin{cases} \Phi_2(v,b) = \mu E_v + \zeta E_D \\ E_v = \frac{1}{2}\boldsymbol{v}^T\boldsymbol{v} \\ E_D = \frac{1}{2}\sum_{i=1}^{n} e_i^2 = \frac{1}{2}\sum_{i=1}^{n}\{y_i - [\boldsymbol{v}^T\phi(x_i) + b]\}^2 \end{cases} \quad (3-35)$$

式中:μ 和 ζ 为超参数,其作用是相对平方误差和来调整正则化的数量。式(3-35)仅采用超参数比率 γ 作为调整参数。而这里引入超参数 μ 和 ζ 将对 LSSVM 损失函数的贝叶斯推理过程有明显的作用。

同样地,将式(3-35)转化为拉格朗日算式为

$$\max_{\alpha}\min_{v,b,e}\{L = \Phi_2(v,b,\gamma,e) - \sum_{i=1}^{n}\alpha_i[y_i(\langle\boldsymbol{\theta}\cdot\boldsymbol{x}_i\rangle + b) - 1 + e_i]\} \; (\alpha_i \in \mathbf{R})$$

$$(3-36)$$

根据 KKT 条件,对式(3-36)求各自变量的偏导,得到如下结果:

$$\begin{cases} \frac{\partial L}{\partial \omega} = 0 \Rightarrow v = \sum_{i=1}^{n} y_i\alpha_i\boldsymbol{x}_i \\ \frac{\partial L}{\partial e} = 0 \Rightarrow \alpha_i = \gamma e_i \\ \frac{\partial L}{\partial b} = 0 \Rightarrow \sum_{i=1}^{n} y_i\alpha_i = 0 \\ \frac{\partial L}{\partial \alpha_i} = 0 \Rightarrow y_i[\boldsymbol{v}^T\phi(x_i + b)] = 1 - e_i \end{cases} \quad (i = 1,2,\cdots,n) \quad (3-37)$$

消元法初步计算式(3-37),可消除变量 v 和 e_i,用矩阵形式表示计算后的等式为

$$\begin{cases} \begin{bmatrix} \boldsymbol{0} & \boldsymbol{y}^T \\ \boldsymbol{y} & \boldsymbol{ZZ}^T + \gamma^{-1}\boldsymbol{I} \end{bmatrix}\begin{bmatrix} b \\ \alpha \end{bmatrix} = \begin{bmatrix} \boldsymbol{0} \\ \boldsymbol{E}_v \end{bmatrix} \\ \boldsymbol{y} = [y_1, y_2, \cdots, y_n]^T \\ \boldsymbol{Z} = [\phi(x_1), \phi(x_2), \cdots, \phi(x_n)]^T \\ \boldsymbol{\alpha} = [\alpha_1, \alpha_2, \cdots, \alpha_n]^T \quad \boldsymbol{E}_v = [1,1,\cdots,1]^T_{1\times v} \end{cases} \quad (3-38)$$

式(3-38)的 $\boldsymbol{ZZ}^T$ 内积运算可用满足 Mercer 条件的核函数 $K(x_i, x_j)$ 表示,即

$$\boldsymbol{ZZ}^T = y_i y_j K(x_i, x_j) \quad (3-39)$$

则 LSSVM 的分类决策函数可表示成式(1-36)的形式,核函数可在表 3-39 中选择,最常用的是表中的高斯核函数。

3.3.4 基于频域峭度理论的故障特征提取技术

3.3.4.1 频域谱峭度理论

频域峭度理论由 Dwyer 和 Stewart 提出,用于检测信号中存在的瞬态冲击信号。而后,Dwyer 给出了频域峭度的规范化定义:频域峭度为四阶中心矩期望比二阶中心矩期望的平方[67]。

Antoni 根据此提出了谱峭度理论,并将该方法用于旋转机械故障诊断中,谱峭度的定义如下式所示:

$$K_x(f) = \frac{S_4(f)}{[S_2(f)]^2} - 2 \quad (f \neq 0) \tag{3-40}$$

式中:$S_n(f) @ E\{|X(f,t)|^n\}$ 为信号的 n 阶谱矩,$E\{\cdot\}$ 为均值运算,$X(f,t)$ 为信号 $x(t)$ 在频率 f 处的复包络。

3.3.4.2 轮对轴承智能故障诊断方法

基于前述介绍内容,本书提出了基于循环相关熵和最小二乘支持向量机的轮对轴承智能故障诊断算法,如图 3-19 所示。本书提出的算法主要包括 3 个部分:数据获取、特征提取和故障辨识,核心部分是基于循环相关熵谱的故障特征提取。具体步骤如下:

步骤 1 设轴承故障信号为 $x[n]$,采样频率为 F_s。设置时间间隔为 N/F_s,样本重叠数目为 N_o,N 表示每个数据块的长度。如此输入信号被划分为 L 的数据块,每个数据块有 N 个样本。

步骤 2 采用 Silverman 准则选取每个数据块核参数 $\sigma_l(l=0,1,2,\cdots,L-1)$ 的大小。

步骤 3 计算每个数据块平均相关熵函数。

$$M_l = \frac{1}{N^2} \sum_{\tau_n=0}^{N-1} \sum_{n=0}^{N-1} G_{\sigma_l}(x_l[n], x_l[n+\tau_n]) \quad (l = 0,1,2,\cdots,L-1) \tag{3-41}$$

步骤 4 计算每个数据块如下式所示的频域变换,$\alpha[n] = n/N$。

$$V_l^{\alpha_n}[\tau_n] = \sum_{n=0}^{N-1} \{[G_{\sigma_l}(x_l[n], x_l[n+\tau_n]) - M_l]e^{-j2\pi\alpha_n n}\}$$
$$(n = 0,1,2,\cdots,N-1; l = 0,1,2,\cdots,L-1) \tag{3-42}$$

步骤 5 计算每个数据块的傅里叶变换,获取循环相关熵谱。

$$T_l^{\alpha_n}[k] = \left| \frac{1}{N} \sum_{\tau_n=0}^{N-1} V_l^{\alpha_n}[\tau_n] e^{-j\frac{2\pi}{N}k\tau_n} \right| \tag{3-43}$$

步骤 6 将循环相关熵谱映射到循环频率域获取每个数据块的循环频率域映射谱。

步骤 7 基于窄带滤波原理获取信号的频域谱峭度,提取信号的特征信息。

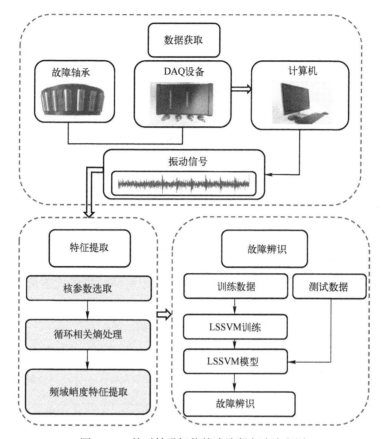

图 3-19 轮对轴承智能故障诊断方法流程图

步骤 8 将特征数据分为训练数据和测试数据,基于最小二乘支持向量机实现轮对轴承的智能故障辨识。

3.3.5 仿真分析与验证

3.3.5.1 凯斯西储大学数据验证

为了验证提出方法的有效性,选取了两组轴承数据进行算法验证。第一组数据来自美国凯斯西储大学轴承试验台,轴承试验台如图 3-20 所示。轴承试验台包括一个 2hp(1.49kW) 的电动机,一个转矩传感器,一个功率计和电子控制设备(图 3-20 中没有显示)。被测试轴承支承电机轴。轴承为 6205-2RS JEM SKF 型深沟球轴承,使用电火花加工技术在轴承上布置了单点故障。选用故障深度为 0.021 的故障数据,采用频率为 12kHz,故障模式包括无故障(NF)、滚动体故障(REF)、内圈故障(IRF)和外圈故障(ORF)。

图 3-20　凯斯西储大学轴承试验台

根据故障频率计算公式得到轴承在不同工况下的故障频率如表 3-10 所列。选取带宽分别为 91~120Hz, 121~150Hz 和 151~180Hz, 根据本书提出的方法, 数据长度设置为 6000, 样本重叠数目为 $N_o = 2N/3$, 则每种故障模式下的样本数目为 58 个, 总共有 232 个样本。选取 75% 的样本数据为训练样本数据, 25% 样本数据为测试样本数据, 采用 LSSVM 工具实现故障模式辨识。

表 3-10　不同转速下理论故障频率

电机转速 /(r/min)	外圈故障频率 /Hz	滚动体故障频率 /Hz	内圈故障频率 /Hz
1730	103.36	135.91	156.14
1750	104.56	137.48	157.94
1772	105.87	139.21	159.93
1797	107.37	141.17	162.19

不同工况下的故障辨识结果如图 3-21 所示, 以 3-21(a) 为例, 对实验结果进行说明。图 3-21 中 1 代表的无故障数据被错分为内圈故障, 图中 2 表示内圈故障。滚动体故障、内圈故障和外圈故障均分类正确, 实验结果表明所提出方法的有效性。

为了验证本书提出方法的先进性, 将本书提出的方法与最近提出的两个故障辨识方法进行了比较。第一个故障辨识方法基于 TK(Teager-Kaiser) 能量因子, 该方法首先将振动信号转换到 TK 域, 然后计算能量因子作为故障特征进行轮对轴承故障辨识, 不同工况下的故障辨识效果如图 3-22 所示; 另一个故障辨识方法基于局部均值分解(LMD), 基于 LMD 的特征提取方法在轴承故障辨识中有着广泛的应用。因此, 选取基于 LMD 的故障辨识方法作为实验效果的对比, 首先将输入信号分解为多个 PF 分量, 然后计算 PF 分量的样本熵和能量比率作为提取特征, 最后采用 LSSVM 得到故障辨识结果,实验结果如图 3-23 所示。

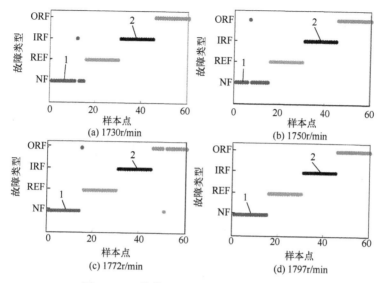

图 3-21　不同转速下的故障模式辨识结果

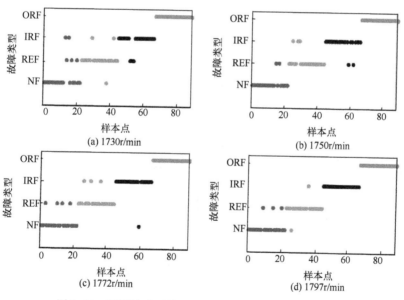

图 3-22　不同转速下基于 TK 能量因子的故障辨识结果

实验结果表明本书提出的方法优于对比方法。基于 TK 能量因子的故障辨识结果表明多个样本数据被错分到其他类别,转速为 1730r/min 时的实验结果图 3-23(a)尤为明显。基于 LMD 的特征提取方法实验效果明显提升,但其分类正确率仍不如本书提出的方法准确。为了进一步描述本书所提出方法的故障辨识效果,采用分类准确率(CA)来对算法表现进行分析,如式(3-44)所示。不同特征提取方法的 CA 比较结果如表 3-11 所列。由分类结果可知,本书提出的方法分类效果明显优于其他方法。

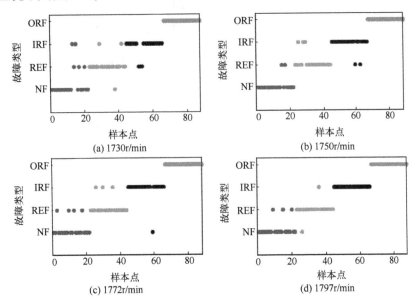

图 3-23 故障辨识不同转速下基于 LMD 的故障辨识结果

$$CA = \frac{\text{所有被正确分类的样本个数}}{\text{样本总个数}} \qquad (3-44)$$

表 3-11 不同方法的分类正确率

电机转速 /(r/min)	方 法	分类准确率/%				平均准确率 /%
		NF	IRF	ORF	REF	
1730	TK	78.26	86.96	100	86.96	87.50
	LMD	100	86.67	100	100	98.33
	CCES	93.3	100	100	100	98.33
1750	TK	90.91	90.91	100	86.36	92.05
	LMD	100	93.33	93.33	100	93.33
	CCES	93.3	100	100	100	98.33
1772	TK	81.82	95.45	100	86.36	90.91
	LMD	100	86.67	86.67	100	96.67
	CCES	93.3	100	93.3	100	96.67

续表

电机转速 /(r/min)	方法	分类准确率/%				平均准确率/%
		NF	IRF	ORF	REF	
1797	TK	86.36	100	100	95.45	94.32
	LMD	100	93.33	100	100	98.33
	CCES	100	100	100	100	100

3.3.5.2 列车轮对轴承数据分析

本实验分析了列车轮对轴承的故障数据,列车运行过程中会经过道岔和曲线,产生的冲击会通过轮对结构到达轴箱,造成轮对轴箱的冲击噪声环境。为了仿真列车实际运行环境,本书采用实际轮对试验台进行振动数据采集。用于收集轮对故障轴承数据的试验平台如图3-24所示,直流电机通过皮带传动装置与主轴相连,其最大转速可达到1480r/min,轮对轴承安装在主轴两端,随主轴同步转动。横向载荷施加装置和垂向载荷施加装置由液压系统控制,以模拟列车在运行过程中产生的垂向载荷和侧向冲击。风扇用于模拟列车在运行过程中遇到的横风。加速度传感器安装在轮对轴承壳体的12点方向(垂向载荷区)和3点方向(垂直于垂向载荷区)以获取轮对故障轴承数据。采样频率为5120Hz,采用不同的转速和垂向载荷模拟列车实际运行工况,产生冲击噪声的横向载荷设置为20kN,按照理论计算公式得到的故障频率如表3-12所列。

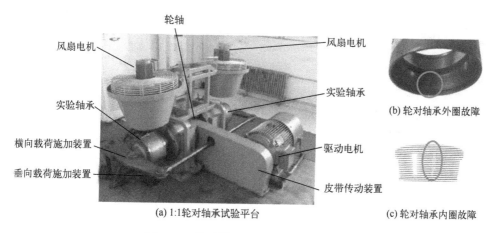

图3-24 轮对轴承试验平台及故障轴承

表 3-12 轮对轴承理论故障频率

实验分组	运行速度/(km/h)	垂向载荷/kN	ORF 频率/Hz	REF 频率/Hz	IRF 频率/Hz
1	97	236	89.18	39.36	122.39
2	129	236	120.47	53.23	164.10
3	129	272	120.47	53.23	164.10

在实验分组 1 中,带宽选择为 1~50Hz、51~100Hz、101~150Hz,实验分组 2 中,带宽选择为 51~100Hz、101~150Hz、151~200Hz。每个数据块的数据长度为 2560,根据西储大学轴承数据验证过程中的参数选择方法,每种故障模式的样本数目为 65 个,总共的样本数目为 260 个,采用 LSSVM 对故障模式进行辨识。

图 3-25 展示了不同工况下的故障模式辨识结果,以图 1-8(a)为例,对实验结果进行说明,可以观察到外圈故障被错分为滚动体故障和正常轴承标签中,其他故障模式均分类正确,分类结果证明了本方法在处理冲击噪声干扰下故障信号的有效性。

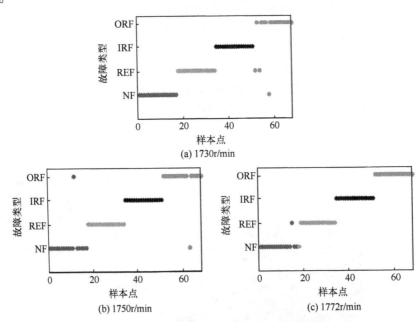

图 3-25 不同转速下的故障模式辨识结果

再次通过基于 TK 能量因子的故障辨识方法和基于 LMD 的故障辨识方法与本书的方法进行对比,实验结果如图 3-26 和图 3-27 所示。实验结果再次证明,基于 LMD 的故障特征提取方法优于基于 TK 能量因子的故障特征提取方法。3 种方法的分类正确率如表 3-13 所列,表中数据表明本书提出的方法要明显优于其他两种方法。

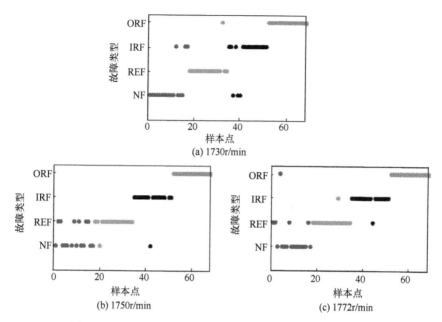

图 3-26 不同转速下基于 TK 能量因子的故障模式辨识结果

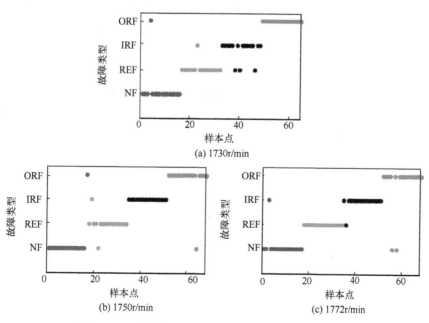

图 3-27 不同转速下基于 LMD 的故障模式辨识结果

表 3-13 不同方法的分类正确率

运行速度/(km/h)	垂向载荷/kN	方法	分类正确率/%				平均正确率/%
			NF	IRF	ORF	REF	
97	236	TK	82.35	76.47	100	94.12	89.71
		LMD	93.75	87.5	100	93.75	92.19
		CCES	100	100	82.35	100	95.59
129	236	TK	64.71	94.12	100	94.12	85.29
		LMD	94.12	100	94.12	88.24	94.12
		CCES	94.12	100	94.12	100	97.06
129	272	TK	70.59	94.12	100	94.12	89.71
		LMD	94.12	94.12	88.24	100	94.12
		CCES	94.12	100	100	94.12	97.06

3.4 小　　结

本章介绍了列车关键部件的服役状态辨识方法，首先提出了一种基于 CNN 的端对端部件状态辨识方法，采用深度卷积神经网络确定张量域的分类面。该方法有效避免了人工设计特征的缺陷，能够充分利用多源传感器信息，实现了机械部件的全自动辨识。其次利用迁移学习中的联合分布适配思想，结合基于相关熵距离测度的改进 KNN 分类器提出了一种小样本下的迁移诊断模型。该方法能充分利用实验室环境下的实验数据，有效解决了故障样本稀缺的小样本问题。最后介绍了一种基于循环相关熵的故障轴承冲击噪声抑制方法，基于循环相关熵谱在循环频率域的映射谱，提取频域峭度作为故障特征，利用最小二乘支持向量机进行轴承的智能故障辨识，实验结果表明本书提出方法的先进性和有效性。

参考文献

[1] LI Y, LIANG X, LIN J, et al. Train axle bearing fault detection using a feature selection scheme based multi-scale morphological filter[J]. Mechanical Systems & Signal Processing, 2018, 101: 435-448.

[2] SHARMA V, PAREY A. Frequency domain averaging based experimental evaluation of gear fault without tachometer for fluctuating speed conditions[J]. Mechanical Systems & Signal Processing 2017, 85: 278-295.

[3] MITCHELL T M. Machine learning[M]. New York: McGraw-Hill: 1997.

[4] 孙珊珊, 何光辉. 基于有理双树复小波和 SVM 的滚动轴承故障诊断方法[J]. 计算机科学,

2015,42:140-143.

[5] 梁治华,曹江涛,姬晓飞. 基于 EEMD 和 CS-SVM 的滚动轴承故障诊断研究[J]. 机电工程,2019,36:622-627.

[6] 陈法法,李冕,陈保家. 基于混合域特征集与加权 KNN 的滚动轴承故障诊断[J]. 机械传动,2016,40:138-143.

[7] PANDYA D H,UPADHYAY S H,HARSHA S P. Fault diagnosis of rolling element bearing with intrinsic mode function of acoustic emission data using APF-KNN[J]. Expert Systems with Applications,2013,40: 4137-4145.

[8] 庄福振,庄福振,罗平,等. 迁移学习研究进展. 软件学报,2015,26:26-39.

[9] PAN S J, QIANG Y. A Survey on Transfer Learning[J]. IEEE Educational Activities Department,2009,22(10):1345-1359.

[10] PAN S J,TSANG I W,KWOK J T,et al. Domain Adaptation via Transfer Component Analysis [J]. IEEE Transactions on Neural Networks,2011,22:199-210.

[11] 冯海林,胡明越,杨垠晖. 基于树木整体图像和集成迁移学习的树种识别[J]. 农业机械学报,2019,050:235-242,279.

[12] LECUN Y,BENGIO Y,HINTON G. Deep learning[J]. Nature,2015,521:436.

[13] LI D,LI J,HUANG J T,et al. Recent advances in deep learning for speech research at Microsoft[C]//Proceedings of IEEE International Conference on Acoustics. Czech Republic,2011.

[14] SHIH Y F,YEH Y M,LIN Y Y,et al. Deep Co-occurrence Feature Learning for Visual Object Recognition[C]//Proceedings of IEEE Conference on Computer Vision & Pattern Recognition. Las Vegas,2015.

[15] WILKINSON T,BRUN A. A Novel Word Segmentation Method Based on Object Detection and Deep Learning[Z]. 2015.

[16] ZHU H,RUI T,WANG X,et al. Fault diagnosis of hydraulic pump based on stacked autoencoders[C]//Proceedings of IEEE International Conference on Electronic Measurement & Instruments. Qingdao,2015.

[17] AMIROLAD A,ARASHLOO S R,AMIRANI M C. Multi-layer local energy patterns for texture representation and classification[Z]. 2016.

[18] GAWEHN E,HISS J A,SCHNEIDER G. Deep Learning in Drug Discovery[J]. Molecular Informatics,2016,35:3-14.

[19] YONGJIN P,MANOLIS K. Deep learning for regulatory genomics[J]. Nature Biotechnology,2015,33:825-826.

[20] CHEN Z,LI W. Multisensor Feature Fusion for Bearing Fault Diagnosis Using Sparse Autoencoder and Deep Belief Network[J]. IEEE Transactions on Instrumentation & Measurement,2017,66:1-10.

[21] MAO W,HE J,LI Y,et al. Bearing fault diagnosis with auto-encoder extreme learning machine: A comparative study[C]//ARCHIVE Proceedings of the Institution of Mechanical Engi-

neers Part C Journal of Mechanical Engineering Science 1989-1996 (vols 203-210),2016.

[22] XIA M,LI T,LIU L,et al. An Intelligent Fault Diagnosis Approach with Unsupervised Feature Learning by Stacked Denoising Autoencoder[J]. Iet Science Measurement & Technology, 2017,11:687-695.

[23] FENG J. Deep neural networks: A promising tool for fault characteristic mining and intelligent diagnosis of rotating machinery with massive data[J]. Mechanical Systems & Signal Processing,2016,72-73:303-315.

[24] GUO L,GAO H,HUANG H,et al. Multifeatures Fusion and Nonlinear Dimension Reduction for Intelligent Bearing Condition Monitoring[J]. Shock & Vibration 2016,2016:1-10.

[25] VERMA N K,GUPTA V K,SHARMA M,et al. Intelligent condition based monitoring of rotating machines using sparse auto-encoders[C]//Proceedings of Prognostics & Health Management. Gaithersburg,2013.

[26] FENG J,LEI Y,GUO L,et al. A neural network constructed by deep learning technique and its application to intelligent fault diagnosis of machines[J]. Neurocomputing, 2017, 272: 619-628.

[27] SHAO H,JIANG H,ZHAO H,et al. A novel deep autoencoder feature learning method for rotating machinery fault diagnosis[J]. Mechanical Systems & Signal Processing, 2017, 95: 187-204.

[28] SANG J L,YUN J P,KOO G,et al. End-to-end recognition of slab identification numbers using a deep convolutional neural network[J]. Knowledge-Based Systems,2017:718-721.

[29] LAWRENCE S,GILES C L,TSOI A C,et al. Face recognition: a convolutional neural-network approach[J]. IEEE Transactions on Neural Networks,1997,8:98-113.

[30] SHOU Z,WANG D,CHANG S F. Temporal Action Localization in Untrimmed Videos via Multi-stage CNNs[Z]. 2016.

[31] PELLEGRINI T. Densely Connected CNNs for Bird Audio Detection[C]//Proceedings of Signal Processing Conference. KoS,2017.

[32] 周宏. 铁路列车滚动轴承早期故障声学诊断系统[J]. 军民两用技术与产品,2016,41:41.

[33] 陈冬. 货车滚动轴承早期故障轨边声学诊断系统的原理与应用[J]. 上海铁道科技,2011,2:107-108.

[34] 李百泉,刘瑞扬,张军. 货车滚动轴承早期故障轨边声学诊断系统[J]. 中国铁路,2006,26(1):35-38.

[35] 张军,赵长波,陈尚泽,等. 铁路客车滚动轴承早期故障轨边声学诊断系统的研究[J]. 铁道车辆,2015,53:29-32.

[36] REN L,CUI J,SUN Y,et al. Multi-bearing remaining useful life collaborative prediction: A deep learning approach[J]. Journal of Manufacturing Systems,2017,43:248-256.

[37] SOUALHI A,RAZIK H,CLERC G,et al. Prognosis of bearing failures using hidden Markov models and the adaptive neuro-fuzzy inference system[J]. IEEE Transactions on Industrial

Electronics, 2014, 61:2864-2874.

[38] HONG S, ZHOU Z, ZIO, et al. Condition assessment for the performance degradation of bearing based on a combinatorial feature extraction method[J]. Digital Signal Processing, 2014, 27: 159-166.

[39] LIAO L, LEE J. A novel method for machine performance degradation assessment based on fixed cycle features test[J]. Journal of Sound and Vibration, 2009, 326:894-908.

[40] HONG S, ZHOU Z, ZIO E, et al. An adaptive method for health trend prediction of rotating bearings[J]. Digital Signal Processing, 2014, 35:117-123.

[41] LEI Y, ZUO M J, HE Z, et al. A multidimensional hybrid intelligent method for gear fault diagnosis[J]. Expert Systems with Applications, 2010, 37:1419-1430.

[42] QU J, ZUO M J. An LSSVR-based algorithm for online system condition prognostics[J]. Expert Systems with Applications, 2012, 39:6089-6102.

[43] 彭畅, 王旭, 张志波, 等. 基于Moors谱峭度图的高速列车轴承故障诊断方法[J]. 制造业自动化, 2015, 37:41-43.

[44] 黄海凤, 高宏力, 李丹, 等. 滚动轴承早期性能退化评估技术研究[J]. 机械科学与技术, 2017, 36:1771-1777.

[45] TAMILSELVAN P, WANG P. Failure diagnosis using deep belief learning based health state classification[J]. Reliability Engineering & System Safety, 2013, 115:124-135.

[46] ALTHOBIANI F, BALL A. An approach to fault diagnosis of reciprocating compressor valves using Teager-Kaiser energy operator and deep belief networks[J]. Expert Systems with Applications, 2014, 41:4113-4122.

[47] TANG B, GONG X.-J, WEI W, et al. Intelligent fault diagnosis of the high-speed train with big data based on deep neural networks[J]. IEEE Transactions on Industrial Informatics, 2017, 13:2106-2116.

[48] ZHAO Y, GUO Z H, YAN J M. Vibration signal analysis and fault diagnosis of bogies of the high-speed train based on deep neural networks. Journal of Vibroengineering, 2017, 19.

[49] SHAO H, JIANG H, ZHANG X, et al. Rolling bearing fault diagnosis using an optimization deep belief network[J]. Measurement Science and Technology, 2015, 26:115002.

[50] SHAO H, JIANG H, ZHAO H, et al. A novel deep autoencoder feature learning method for rotating machinery fault diagnosis[J]. Mechanical Systems and Signal Processing, 2017, 95:187-204.

[51] XIA M, LI T, LIU L, et al. Intelligent fault diagnosis approach with unsupervised feature learning by stacked denoising autoencoder[J]. IET Science, Measurement & Technology, 2017, 11:687-695.

[52] ZHANG W, LI C, PENG G, et al. A deep convolutional neural network with new training methods for bearing fault diagnosis under noisy environment and different working load[J]. Mechanical Systems and Signal Processing, 2018, 100:439-453.

[53] FLÜGGE W. Tensor Analysis and Continuum Mechanics[Z]. 1972.

[54] ACAR E, ÇAMTEPE S A, KRISHNAMOORTHY M S, et al. Modeling and Multiway Analysis of Chatroom Tensors [C]//Proceedings of IEEE International Conference on Intelligence & Security Informatics. Berlin, 2005.

[55] LOVELOCK D. The Einstein Tensor and Its Generalizations [J]. Journal of Mathematical Physics, 1971, 12: 498-501.

[56] 胡玉峰, 尹项根, 陈德树, 等. 信息融合技术在电力系统中的应用研究（一）——基本原理与方法[J]. 电力系统保护与控制, 2002, 30: 1-5.

[57] NAIR V, HINTON G E. Rectified linear units improve restricted boltzmann machines[C]// Proceedings of International Conference on International Conference on Machine Learning. Berlin, 2005.

[58] NIKNAM S A, SONGMENE V, AU Y H J. The use of acoustic emission information to distinguish between dry and lubricated rolling element bearings in low-speed rotating machines[J]. International Journal of Advanced Manufacturing Technology, 2013, 69: 2679-2689.

[59] FRANKEL F, REID R. Big data: Distilling meaning from data[J]. Nature, 2008, 455: 30.

[60] REPORT I C. Report on large motor reliability survey of industrial and commercial installations [J]. IEEE Transactions on Industry Applications, 1985, 4: 865-872.

[61] Bearing Data Center Seeded Fault Test Data [EB/OL]. (2022-7-5). https://engineering.case.edu/bearingdatacenter/download-data-file.

[62] XIA M, LI T, LIU L, et al. Intelligent fault diagnosis approach with unsupervised feature learning by stacked denoising autoencoder[J]. Iet Science Measurement & Technology, 2017, 11: 687-695.

[63] JIA F, LEI Y, LIN J, et al. Deep neural networks: A promising tool for fault characteristic mining and intelligent diagnosis of rotating machinery with massive data[J]. Mechanical Systems & Signal Processing, 2016, 72-73: 303-315.

[64] ZHANG W, LI C, PENG G, et al. A deep convolutional neural network with new training methods for bearing fault diagnosis under noisy environment and different working load[J]. Mechanical Systems & Signal Processing, 2018, 100: 439-453.

[65] ZHANG W, PENG G, LI C, et al. A New Deep Learning Model for Fault Diagnosis with Good Anti-Noise and Domain Adaptation Ability on Raw Vibration Signals[J]. Sensors, 2017, 17: 425.

[66] BROWNLEE J. How To Improve Deep Learning Performance[EB/OL]. (2022-7-5). https://www.freecodecamp.org/news/improve-image-recognition-model-accuracy-with-these-hacks/.

[67] Dwyer R. Use of the kurtosis statistic in the frequency domain as an aid in detecting random signals[J]. IEEE Journal of Oceanic Engineering 1984, 9: 85-92.

第4章

基于数据驱动的列车关键部件实时可靠性预测分析

4.1 概 述

随着设计制造技术的不断提高,使用材料的不断改善,产品的可靠性越来越高,使用寿命越来越长。尤其在轨道交通领域,以轴承为例,转向架轴箱轴承的设计使用寿命超过20年,在实际运营过程中,转向架轴箱轴承运营到达一定千米数时必须进行更换。然而,大部分轴承仍处于良好运营条件,极少出现失效,尤其是完全失效,因此,需要对轨道列车关键部件进行实时可靠性分析。对传统的可靠性评估研究而言,难以获取足够有效的数据,得到准确的可靠性评估结果。近年来,基于性能退化的实时可靠性评估方法取得了长足发展,在轨道交通领域,列车智能感知网络的出现,为基于性能退化的可靠性评估提供了大量的包含产品性能退化信息的数据,为轨道交通列车部件基于性能退化的实时可靠性评估提供了极大的便利条件。

传统的可靠性分析方式一般假设部件只有正常和失效两种状态,对部件使用过程中的潜在变化缺乏必要分析。另外,受使用环境和部件自身特性的影响,部件性能退化总体趋势虽保持一致,但个体退化具有一定的随机性。因此需建立基于实际性能退化数据的多状态机械部件实时可靠性分析方法。基于性能退化数据的可靠性分析概念由 Gertsbackh 和 Kordonskiy 于1969年提出。此后,很多专家和学者竟相开始了这方面的探索研究。目前,主要可分为基于回归模型和随机过程的两种性能退化可靠性分析方法。

1) 基于回归模型的性能退化可靠性分析方法

Lu 和 Meekert 采用蒙特卡罗方法仿真失效寿命数据,并在此基础上建立了一种非线性混合随机系数回归模型进行可靠性评估[1]。Lu 等利用时间序列回归分析法建立了某钻床刀具的退化轨迹函数[2]。Oliveira 应用线性回归方法对汽车轮胎的磨损退化进行了拟合分析[3]。Crk 给出了更为通用的退化轨迹的回归分析方法分析步骤,并在某电子接口模块上进行了验证[4]。Lu 和 Park 利用带有随机回归斜率和标准离差函数的线性回归模型对半导体元件的退化数据进行了可靠性建模,并通过极大似然法获得参数估计[5]。文献[6]将故障数据和性能退化的状态检测数据相结合,采用 DTS(degradation threshold shock)方法分析了存在竞争失效现象的可靠性分析方法。王华伟等[7]首先采用贝叶斯模型对状态检测信息进行了融合,而后根据故障信息建立了混合威布尔模型,实现了竞争失效模式下的航空发动机的剩余寿命预测。Meeker[8]通过描述产品服役性能和失效时间之间的关系,采用最大似然法估计建立了加速退化模型。

2) 基于随机过程的性能退化可靠性分析方法

常用的随机过程主要有维纳过程[9-10]、伽马过程[11-12]、泊松过程[13-14]、马尔可夫过程[15-16]等。在可靠性分析领域,研究对象更多地被假设为只存在两种状态(正常和故障),很多可靠性和维修策略研究都是基于二态模型的[17-21]。与二态(正常、故障)可靠性分析和维修策略模型相比,多状态模型更符合设备运行实际情况,且多状态可简化为二态模型。因此,设备多状态可靠性退化建模得到了越来越多的关注。

Eryilmaz 建立了随机退化率的三状态可靠性退化模型,并采用 copula 模型对状态退化率进行建模,与恒定状态退化率进行了比较[22]。Wang 等针对电阻式温度检测器建立了多状态物理模型来描述其退化直至失效的过程,并用蒙特卡罗方法对状态停留概率进行了仿真[23]。Ghasemi 等使用 Cox 比例风险回归模型(proportional hazards model,PHM)进行了多状态退化过程建模,并在此基础上提出了维修优化策略[24]。Meira-Machado 等提出了基于时间的 Cox 多状态可靠性回归模型,并在斯坦福心脏移植数据上进行了验证。Eryilmaz、Bozbulut 针对 k-out-of-n 多状态系统建立了动态可靠性模型,并用蒙特卡罗方法进行了仿真[25]。

马尔可夫过程作为多状态性能退化过程建模的有力工具,取得了很多成果。Liu 和 Kapur 在假设退化服从马尔可夫过程的基础上得到了时变系统的状态概率值[26]。Sheu 和 Zhang 针对包含多状态部件的多状态系统进行了研究,其组成部件退化规律服从非齐次马尔可夫过程[27]。Eryilmaz 在退化过程具有马尔可夫特征的基础上,建立不可修多状态串并联系统相型(phase type)模型[28]。Faghih-Roohi 等基于发生函数和马尔可夫过程,建立了 k-out-of-n 多状态系统的可用性动态模型[15]。Sameer Al-Dahidi 等基于舰船的异构数据将退化过程描述为齐次离散时间有限状态的半马尔可夫过程,以预测舰船的剩余寿命[29]。Floriano 等基于离散时间马尔可夫过程建立了高精确度的信道模型,并应用于在超宽带(ultra wideband)系统[30]。Huang 和 Yuan 提出了两阶段的维修策略模型,假设其系统退化过程符合离散时间马尔可夫模型[31]。Michael 等假设系统性能退化符合三状态连续时间隐马尔可夫过程,并采用 EM 算法进行了参数估计[16]。Masdi 等提出了基于连续时间马尔可夫过程的多状态退化系统模型,且系统失效率符合泊松分布[32]。Soro 等采用连续时间马尔可夫过程评价系统的瞬时及渐进退化状态,并在此基础上进行系统可用,生产效率和可靠性的评估[33]。Chen 等基于马尔可夫退化过程和实时数据,提出了动态预防性维修策略[34]。Dong 和 Peng 建立了基于非稳态分段隐半马尔可夫过程的设备健康状态评估预测模型,其状态转移概率随时间变化[35]。

根据马尔可夫过程观测序列连续与否、状态转移率及状态逗留时间分布等特征,可将马尔可夫过程分为以下几个模型:离散时间马尔可夫过程(discrete time Markov process,DTMP)、连续时间马尔可夫过程(continuous time Markov process,CTMP)、离散时间隐时效马尔可夫过程(discrete-time hidden aging Markovian process,DTHAMP)、连续时间隐时效马尔可夫过程(continuous-time hidden aging Markovian process,CTHAMP)或者称为非齐次连续时间隐马尔可夫过程(nonhomogeneous continuous-time hidden Markov process,NHCTHMP)、显式连续时间隐半马尔可夫过程(explicit-duration continuous-time hidden semi-Markov process,EDDTH-SMP)、齐次离散时间隐半马尔可夫过程(homogeneous discrete-time hidden semi-Markov process,HDTHSMP)、齐次连续时间隐半马尔可夫过程(homogeneous continuous-time hidden semi-Markov process,HCTHSMP)。相关的文献罗列如表 4-1 所列。

表 4-1 马尔可夫模型参考文献

类　　型	参　考　文　献
DTMP	[30-31,36-40]
CTMP	[37,41-46]
DTHAMP	[35,47-48]
NHCTHMP	[49-51]
EDCTSMP	[52-53]
EDDTHSMP	[54-55]
HDTHSMP	[56-58]
HCTHSMP	[51,59-62]

马尔可夫过程在研究多状态性能退化过程建模方面优势极为明显,但其状态数量的选取仍然具有很大的随机主观性,且马尔可夫过程在研究具有时变性的性能退化规律方面仍有很大的不足。因此,本章提出了基于模糊安全域和时变马尔可夫链的可靠性分析模型,以解决马尔可夫过程状态数量选取和状态转移矩阵时

变特性的问题。先采用模糊分段算法,将部件退化样本数据自动分为多个阶段,解决了状态数量选取不够规范和耗时长的问题;并利用动态时间规整算法,对采集的样本进行有效规整,为不同阶段退化规律的总结提供有效数据,消除了显式与隐式状态的映射,有效减少可影响扩散和信任扩散问题;在半马尔可夫过程的基础上,提出了时变转移概率矩阵,以描述部件自身特性随时间增加的变化趋势,为部件状态可靠性和寿命预测更准确评估提供了必要手段。

4.2 基本概念

机械部件在持续作用的随机载荷环境下,服役性能逐渐衰退,其可靠度也随着服役时间的增加而降低。在轨道交通列车智能感知网络架构下,机械部件可靠性分析需充分利用多传感器信息,有效评估机械部件性能退化状态,建立机械部件可靠性评估模型。因此,在全寿命状态信息的基础上,如何有效区别机械部件的多阶段性能状态,并建立基于性能退化的可靠性评估是本章重点解决的两部分内容。

4.2.1 安全域

安全域(safety region,SR)[63]是一种从域的角度描述系统整体可安全稳定运行区域的定量模型,安全域边界与系统运行点的相对关系可提供定量化的系统不同状况下的运行安全裕度和最优控制信息,如图4-1所示。

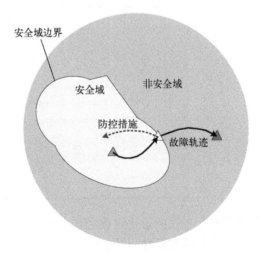

图4-1 安全域概念示意图[63]

张媛将安全域的概念扩展至轨道交通领域,并提出了完整的安全域估计方法框架[63-64],并针对滚动轴承进行了有益尝试。该部分研究将轴承状态特征变量空间划分为两个区域:安全域与非安全域,对应于轴承"正常""故障"等不同状态类别。然而大部分轴承性能是逐渐衰退的过程,在正常和故障之间,存在多个安全子域,且不同安全子域之间存在一定的概率转移关系。因此,本节将基于安全域估计理论的轴承退化模型扩展至多安全子域,并实现安全域与非安全域的界限、各安全子域的临界位置的自动定位。

4.2.2 马尔可夫过程

马尔可夫过程是一类具有马尔可夫性质的随机过程。

1. 马尔可夫性

设$\{X(t),t\in T\}$为一随机过程,E为其状态空间,若对任意的$t_1<t_2<\cdots<t_n<t$,任意的$x_1,x_2,\cdots,x_n,x\in E$,随机变量$X(t)$在已知变量$X(t_1)=x_1,X(t_2)=x_2,\cdots,X(t_n)=x_n$之下的条件分布函数只与$X(t_n)=x_n$有关,而与$X(t_1)=x_1,X(t_2)=x_2,\cdots,X(t_{n-1})=x_{n-1}$无关,即条件分布函数满足等式:

$$F(x,t|x_n,x_{n-1},\cdots,x_2,x_1,t_n,t_{n-1},\cdots,t_2,t_1)=F(x,t|x_n,t_n) \quad (4-1)$$

即

$$P\{X(t)\leq x|X(t_n)=x_n,\cdots,X(t_1)=x_1\}=P\{X(t)\leq x|X(t_n)=x_n\} \quad (4-2)$$

此性质称为马尔可夫性,也称无后效性或无记忆性。

若$X(t)$为离散型随机变量,则马尔可夫性亦满足等式

$$P\{X(t)=x|X(t_n)=x_n,\cdots,X(t_1)=x_1\}=P\{X(t)=x|X(t_n)=x_n\} \quad (4-3)$$

2. 马尔可夫过程的数学定义

若随机过程$\{X(t),t\in T\}$满足马尔可夫性,则称为马尔可夫过程。

4.3 方法框架

基于模糊安全域与时变马尔可夫过程的可靠性分析及寿命预测方法主要包含四大步骤:退化特征选取,模糊安全域划分,时变马尔可夫过程建模,可靠性评估及剩余寿命预测,技术路线图如图4-2所示。本部分重点介绍模糊安全域划分及时变马尔可夫过程建模。

基本步骤:

(1) 提取全寿命运行特征向量。

(2) 采用模糊安全域算法对部件的状态进行划分,并采用动态时间规整(dynamic time warping,DTW)算法进行样本时间规整,完成样本数据处理。

(3) 建立时变马尔可夫模型,利用计算初始前向概率,后向概率和状态序列的条件概率公式,对模型参数进行重估。

(4) 确定部件当前运行状态 i,得到设备在状态 i 逗留时间,计算部件在剩余状态 $i+1, i+2, \cdots, N$ 的逗留时间。

(5) 计算当前状态 i 停留时间为 st_t^i 的剩余寿命及其可靠度。

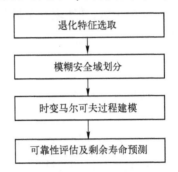

图 4-2　基于模糊安全域与时变马尔可夫过程的
可靠性分析及寿命预测方法的技术路线

4.3.1　Tsallis 熵特征提取

非广延熵 Tsallis 熵是 1988 年巴西物理学家 Constantino Tsallis 提出的一种含有指数 q 的熵的表达式[65],基于由 Boltzmann-Gibbs 理论产生的非广延统计的机制,用来描述一个系统的混乱程度,对具有长程相互作用、长时记忆影响或系统在一个多重分形样的时空中演化的系统描述表现良好,在物理、医学、经济等多个领域均有广泛的应用。Tsallis 熵具有凹性、稳定性和单位时间熵产生率的有限性[66],然而,shanon 熵、Renyi 熵等这些在轴承分析领域具有非常丰富应用的熵却不具备该特性,反映在轴承特征提取中主要表现为对信号表现不够良好。因此,本书将提取振动信号的 Tsallis 熵作为数据特征,其定义为

$$H_q^T = \frac{1}{q-1}\left(1 - \sum_{i=1}^{n} p_i^q\right) \tag{4-4}$$

Tsallis 熵是为了找出一个明确的 q 值(一般不等于 1)来尽可能地刻画既不规则又不完全混沌或随机的现象。经多次试验,我们发现 $q=2$ 时能更好地描述轴承的变化特性。

4.3.2　模糊安全域划分方法

本书将基于安全域估计理论的轴承退化模型扩展至多安全子域,采用时序模糊聚类算法,实现安全域与非安全域的界限、各安全子域的临界位置的自动定位。

设样本序列为 $X=\{z_i=[t_i,x_i^T]^T \mid 1\leq i\leq N\}$,$T=\{xk \mid 1\leq k\leq N\}$,其中 N 为时间序列 X 的数据长度。若 x_i 为多元样本,$x_i=\{x_{ij} \mid j=1,2,\cdots,M\}$,$M$ 为样本的维数。

X 的一个分段可表示时间连续的系列样本点 $z_a,z_{a+1},\cdots,z_b$,记为 $S(a,b)=\{a\leq i\leq b\}$。假设样本序列 X 可以分为 c 段不重合部分,记为 $S_X^c=\{S_k(a_k,b_k) \mid 1\leq k\leq c\}$,其中 $a_1=1$,$b_c=m$,$a_k=b_{k-1}+1$,即存在分段边界 $s_1<s_2<\cdots<s_c$,使得 $S_k(s_{k-1}+1,s_k)$。

定义样本序列分段目标函数为 $\mathrm{cost}(S_X^c)$,一般将其定义为时间序列真实数据点与样本序列拟合函数(一般采用线性或多项式函数)数据点之间的距离。

$$\mathrm{cost}(S_X^c)=\sum_{k=1}^c \mathrm{cost}(S_k)=\sum_{k=1}^c \mathrm{cost}(S(a_k,b_k)) \tag{4-5}$$

即通过最小化目标函数,计算区域边界 a_k、$b_k(k=1,2,\cdots,c)$,获得最优分段位置。目前,动态规划和各类启发式算法常用来最小化目标函数。

$$\mathrm{cost}(S_X^c)=\sum_{k=1}^c \sum_{i=s_{k-1}+1}^{s_k} \|x_i-v_k^x\|^2 = \sum_{k=1}^c \sum_{i=1}^N \beta_k(t_i)D^2(x_i,v_k^x) \tag{4-6}$$

式中:v_k^x 为第 k 个安全子域的聚类中心;$D^2(x_i,v_k^x)$ 为 x_i 到聚类中心的距离;$\beta_k(t_i)$ 为 x_i 从属于第 k 个安全子域的隶属度函数。

文献[67-68]将 $\beta_k(t_i)$ 为 $(0,1)$ 二值函数,即采用脆性隶属度;然而在实际情况中,安全子域之间存在模糊边界,不适合采用脆性隶属度函数。因此,本书采用多元高斯隶属度函数,解决模糊边界问题。

与改进的 Gath-Geva 聚类算法[69]相似,本书采用从多元混合高斯函数作为聚类原型的序列拟合函数,通过最小化数据点与聚类原型中心之间的加权距离平方和获得最优区域划分。

即
$$\mathrm{cost}(S_X^c)=\sum_{k=1}^c \sum_{i=1}^N (\mu_{k,i})^m D^2(z_i,\eta_k) \tag{4-7}$$

式中:$\mu_{i,k}$ 为样本数据点 $z_i=[t_i,x_i^T]^T$ 在第 k 个安全子域的隶属度,$k=1,2,\cdots,c$;$m=[1,\infty)$ 为模糊聚类加权指数,一般取 $m=2$[70];$D^2(z_i,\eta_k)$ 为样本和聚类原型之间的距离;η_k 为第 k 个安全子域的聚类原型函数,此处为多元混合高斯函数。

假设样本序列服从期望为 v_k,协方差矩阵为 F_k 的多元高斯分布,$p(z_i|\eta)$ 表示样本数据点隶属于 c 个安全子域的概率密度函数。

$$p(z_i|\eta)=\sum_{k=1}^c p(z_i|\eta_k)p(\eta_k) \tag{4-8}$$

式中:$p(z|\eta_k)=\dfrac{1}{(2\pi)^{(n+1)/2}\sqrt{\det(\boldsymbol{F}_k)}}\exp\left[-\dfrac{1}{2}(z-v_k)^T(\boldsymbol{F}_k)^{-1}(z-v_k)\right]$;$p(\eta_k)$ 为无条件聚类概率,$\sum_{k=1}^c p(\eta_k)=1$;η_k 为第 k 个安全子域的聚类原型函数,$\eta_k=\{p(\eta_k),$

$v_k, \boldsymbol{F}_k | k=1,2,\cdots,c\}$。

根据概率论,Gath-Geva 聚类算法的距离函数 $D^2(z_i, \eta_k)$ 与 z_i 在第 k 个安全子域的隶属度 $p(z_i | \eta_k)$ 成反比,且样本数据中的时间变量 t_i 与特征变量 x_i 相互独立,则有

$$p(z_i | \eta_k) = \frac{1}{D^2(z_i, \eta_k)}$$

$$= \underbrace{\alpha_k}_{p(\eta_k)} \underbrace{\frac{1}{\sqrt{2\pi\sigma_{k,t}^2}} \exp\left(-\frac{1}{2}\frac{(t_i-v_k^t)^2}{\sigma_{k,t}^2}\right)}_{p(t_i | \eta_k)} \times \underbrace{\frac{1}{(2\pi)^{r/2}\sqrt{\det(\boldsymbol{A}_k)}} \exp\left[-\frac{1}{2}(x_i-v_k^x)^\mathrm{T}(\boldsymbol{A}_k)^{-1}(x_i-v_k^x)\right]}_{p(x_i | \eta_k)}$$

(4-9)

式中:α_k 为聚类初始概率;$\dfrac{1}{\sqrt{2\pi\sigma_{k,t}^2}} \exp\left[-\dfrac{1}{2}\dfrac{(t_i-v_k^t)^2}{\sigma_{k,t}^2}\right]$ 为第 i 个样本数据点的时间变量与聚类时间变量中心的距离;$\dfrac{1}{(2\pi)^{r/2}\sqrt{\det(\boldsymbol{A}_k)}} \exp\left[-\dfrac{1}{2}(x_i-v_k^x)^\mathrm{T}(\boldsymbol{A}_k)^{-1}(x_i-v_k^x)\right]$ 为第 i 个样本数据点中特征变量与聚类特征中心的距离;v_k^x 为第 k 个安全子域在特征空间的聚类中心;r 为特征变量距离范数 $\boldsymbol{A}_k$ 的秩。

距离范数 $\boldsymbol{A}_k$ 的计算方式有很多种,马氏距离是一个很好的选择,并且可用来调整变量之间的相关性,此处 $\boldsymbol{A}_k = \boldsymbol{F}_k$,其中 $\boldsymbol{F}_k$ 为多元高斯分布的模糊协方差矩阵:

$$\boldsymbol{F}_k = \frac{\sum_{i=1}^{N}(\mu_{k,i})^m[(x_i-v_k^x)(x_i-v_k^x)^\mathrm{T}]^\mathrm{T}}{\sum_{i=1}^{N}(\mu_{k,i})^m}$$

(4-10)

为方便协方差矩阵 $\boldsymbol{F}_k$ 的取反,必须消除变量之间的强相关性。主成分分析(principal component analysis,PCA)可对高维数据进行一系列的运算和变换,在尽可能地保留原有变量信息的同时,消除高维数据之间相关性,实现降维。

设协方差矩阵 $\boldsymbol{F}_k$ 有 q 个非零特征值(按降序排列)$\lambda_{k,l}(l=1,2,\cdots,q)$ 及其对应的特征向量,有

$$\boldsymbol{F}_k = \boldsymbol{U}_k \boldsymbol{\Lambda}_k \boldsymbol{U}_k^\mathrm{T} \tag{4-11}$$

$$\boldsymbol{\Lambda}_k = \begin{vmatrix} \lambda_{k,1} & & & \\ & \lambda_{k,2} & & \\ & & \ddots & \\ & & & \lambda_{k,q} \end{vmatrix} \tag{4-12}$$

$$\boldsymbol{U}_k = [u_{k,1}, u_{k,2}, \cdots, u_{k,q}] \tag{4-13}$$

对样本数据的特征变量 x_i 采用 PCA 算法降到 q 维后得到 $y_{k,i} = \boldsymbol{W}_k^{-1}(x_i) =$

$W_k^T(x_i)$，其中 $W_k = U_{k,q}\Lambda_{k,q}^{1/2}$。

依据 PPCA(probabilistic principal component analysis)算法[71]，$W_k = U_{k,q}(\Lambda_{k,q} - \sigma_{k,x}^2 I)^{1/2} R_k$，其中 R_k 是任一 $q \times q$ 正交变换矩阵，$\sigma_{k,x}^2 = \dfrac{1}{M-q}\sum_{j=q+1}^{M}\lambda_{k,j}$。

至此，模糊安全域自动划分算法转换为最优化问题：

目标函数：

$$\mathrm{cost}(S_X^c) = \sum_{k=1}^{c}\sum_{i=1}^{N}(\mu_{k,i})^m D^2(z_i, \eta_k) \tag{4-14}$$

约束条件：

$$\begin{cases} U = [\mu_{k,i}]_{c \times N} & (\mu_{k,i} \in [0,1], \forall k,i) \\ \sum_{k=1}^{c}\mu_{k,i} = 1 & (\forall i) \\ 0 < \sum_{i=1}^{N}\mu_{k,i} < N & (\forall k) \end{cases} \tag{4-15}$$

该问题可采用交替优化(alternating optimization, AO)算法与 Picard 迭代算法进行求解。

基本步骤如下。

初始化：

给出样本序列 X 的初始分段数目和 PCA 算法保留的特征向量空间维数，选择适合的停止条件 $\varepsilon(\varepsilon > 0)$，初始化 W_k、v_k^x、$\sigma_{k,x}^2$、$\mu_{k,i}$。

循环计算：

(1) 计算聚类原型 η_k 的参数。

聚类初始概率：

$$\alpha_k = \frac{1}{N}\sum_{i=1}^{N}\mu_{k,i} \tag{4-16}$$

聚类中心：

$$v_k^x = \frac{\sum_{i=1}^{N}(\mu_{k,i})^m(x_i - W_k\langle y_{k,i}\rangle)}{\sum_{i=1}^{N}(\mu_{k,i})^m} \tag{4-17}$$

其中 $\langle y_{k,i}\rangle = M_k^{-1}W_k^T(x_i - v_k^x)$，$M_k = \sigma_{k,x}^2 I + W_k^T W_k$。

权重更新：

$$\widetilde{W}_k = F_k W_k(\sigma_{k,x}^2 I + M_k^{-1}W_k^T F_k W_k)^{-1} \tag{4-18}$$

方差更新：

$$\sigma_{k,x}^2 = \frac{1}{q}\mathrm{tr}(\boldsymbol{F}_k - \boldsymbol{F}_k \boldsymbol{W}_k \boldsymbol{M}_k^{-1} \widetilde{\boldsymbol{W}}_k^\mathrm{T}) \quad (4\text{-}19)$$

距离范数：

$$\boldsymbol{A}_k = \sigma_{k,x}^2 \boldsymbol{I} + \widetilde{\boldsymbol{W}}_k \widetilde{\boldsymbol{W}}_k^\mathrm{T} \quad (4\text{-}20)$$

样本序列时间参数的聚类原型中心及标准差参数计算：

$$v_k^t = \frac{\sum_{i=1}^N (\mu_{k,i})^m t_i}{\sum_{i=1}^N (\mu_{k,i})^m}, \quad \sigma_{k,t}^2 = \frac{\sum_{i=1}^N (\mu_{k,i})^m (t_i - v_k^t)^2}{\sum_{i=1}^N (\mu_{k,i})^m} \quad (4\text{-}21)$$

(2) 聚类合并。

对两个相邻的安全子域 S_o、S_p，通过对比两者相似性，来确定其是否需要合并。由于前述用到了 PCA 算法，采用 Krzanowski 提出的基于 PCA 相似因子作为合并准则之一：

$$S_{\mathrm{PCA}}^{o,p} = \frac{1}{q}\sum_{o=1}^q \sum_{p=1}^q \cos^2\theta_{o,p} = \frac{1}{q}\mathrm{tr}(\boldsymbol{U}_{o,q}^\mathrm{T}\boldsymbol{U}_{p,q}\boldsymbol{U}_{p,q}^\mathrm{T}\boldsymbol{U}_{o,q}) \quad (4\text{-}22)$$

式中：$\boldsymbol{U}_{o,q}$、$\boldsymbol{U}_{p,q}$ 分别为安全子域 S_o、S_p 特征向量的前 q 个主成分。

另外一个合并准则为安全子域 S_o、S_p 特征向量聚类中心之间的距离：

$$D(v_o^x, v_p^x) = \|v_o^x - v_p^x\| \quad (4\text{-}23)$$

由于聚类过程是在样本序列整体范围内进行的，因此采用 Kaymak 等提出的模糊决策算法[72]衡量各安全子域在整体中的聚类相似性，决策过程的整体相似性矩阵为 $\boldsymbol{H} = \{h_{o,p} | 1 \leqslant o \leqslant c, 1 \leqslant p \leqslant c\}$，

$$h_{o,p} = \sqrt{\frac{\left(\frac{1}{c(c-1)}\sum_{\substack{o=1 \\ p \neq o}}^c \sum_{p=1}^c S_{\mathrm{PCA}}^{o,p}\right)^2 + \left(\frac{1}{c(c-1)}\sum_{\substack{o=1 \\ p \neq o}}^c \sum_{p=1}^c D(v_o^x, v_p^x)\right)^2}{2}} \quad (4\text{-}24)$$

当 $h_{o,o+1}$ 大于设定的阈值时，安全子域 S_o、S_{o+1} 进行合并，直至达到算法终止条件 ε 时结束。

4.3.3 基于时变马尔可夫过程的寿命预测及状态可靠性评估

部件安全域的自动划分为马尔可夫过程的状态数量选取提供了科学的依据。我们认为，状态之间的转移概率不仅与系统所处的状态相关，还与系统在当前状态停留的时间相关。在实际情况中，部件在某一状态的停留时间越长，其从该状态转移至其他状态的概率会越大，也就是说状态逗留时间在一定程度上影响状态转移概率。因此，本书将时变转移状态引入马尔可夫模型中，得到基于状态逗留停留时间的状态转移矩阵(sojourn time based state transition probabilities)，实现时变马尔可夫过程的可靠性评估模型，记为 $M = (\pi, \boldsymbol{A}, \mathrm{ST})$，其中，$\pi$ 为初始状态概率分布

$\pi = \{\pi_i\}$, $\pi_i = P[s_1 = i]$ $(1 \le i \le N)$, N 为状态数, 在本章模型中, $N = 4$; A 为时变状态转移矩阵 $A = \{a_{ij}(\mathrm{st}_t^i)\}$ $(1 \le i, j \le N, 1 \le \mathrm{st}_t^i \le \mathrm{ST}^i)$, $a_{ij}(\mathrm{st}_t^i)$ 表示设备在时刻 t 在状态 i 的逗留时间为 st_t^i 时, 系统从状态 i 转移到状态 j 的状态转移概率, $\sum_{j=1}^{N} a_{ij}(\mathrm{st}_t^i) = 1$ $(1 \le \mathrm{st}_t^i \le \mathrm{ST}^i, 1 \le i, j \le N)$; ST^i 为在状态 i 的最大逗留时间; ST 为状态停留时间分布, 假设服从高斯分布。

首先根据样本集, 确定各状态的停留时间分布, 再采用改进的 Baum-Welch 算法, 对模型参数进行估计。

(1) 当已知模型 $M = (\pi, A, \mathrm{ST})$ 参数时, t 时刻系统处于状态 i 的停留时间为 T^* 的概率 $\alpha_t(i, T_t^{i*}) = P(q_t = i, \mathrm{st}_t^i = T_t^{i*} | M)$。

当 $t = 1$ 时, 初始前向概率为

$$\alpha_1(1, \mathrm{st}_1^i) = 1 \qquad (4\text{-}25)$$

$$\alpha_1(j, 1) = \alpha_1(1, \mathrm{st}_1^i) a_{1j}(\mathrm{st}_1^i) \qquad (4\text{-}26)$$

$$\alpha_1(N, \mathrm{st}_1^N) = \sum_{i=2}^{N} \alpha_1(i, \mathrm{st}_1^i = 1) P(\mathrm{st}_1^i = 1) a_{iN}(\mathrm{st}_1^i = 1) \qquad (4\text{-}27)$$

当 $t = 2, 3, \cdots, T$ 时, 前向概率递推公式为

$$\alpha_t(j, 1) = \sum_{\substack{i=2 \\ i \ne j}}^{N-1} \sum_{\mathrm{st}_t^i = 1}^{\mathrm{ST}^i} \alpha_{t-1}(i, \mathrm{st}_t^i) P(\mathrm{st}_t^i) a_{ij}(\mathrm{st}_t^i) \qquad (4\text{-}28)$$

$$\alpha_t(j, d) = \alpha_{t-1}(j, \mathrm{st}_t^i - 1) \qquad (4\text{-}29)$$

$$\alpha_t(N, \mathrm{st}_t^N) = \sum_{i=2}^{N-1} \sum_{\mathrm{st}_t^i = 1}^{\mathrm{ST}^i} \alpha_t(i, \mathrm{st}_t^i) P(\mathrm{st}_t^i) a_{iN}(\mathrm{st}_t^i) \qquad (4\text{-}30)$$

(2) 在 t 时刻部件在状态 i 的逗留时间为 st_t^i 时, $T-t$ 时间内产生状态序列 $(s_{t+1}, s_{t+2}, \cdots, s_T)$ 的后向概率为 $\beta_t(i, \mathrm{st}_t^i) = P(s_t = i, \mathrm{st}_t^i | M)$。

当 $t = T$ 时, 初始后向概率公式为

$$\beta_T(N, \mathrm{st}_T^N) = 1 \qquad (4\text{-}31)$$

$$\beta_T(i, \mathrm{st}_t^i) = P(\mathrm{st}_t^i) a_{iN}(\mathrm{st}_t^i) \qquad (4\text{-}32)$$

$$\beta_T(1, \mathrm{st}_1^i) = \sum_{j=2}^{N-1} \alpha_{1j}(\mathrm{st}_1^i) \beta_T(j, \mathrm{st}_1^i) \qquad (4\text{-}33)$$

当 $0 < t < T$ 时, 后向概率递推公式为

$$\beta_t(i, \mathrm{st}_t^i) = P(\mathrm{st}_t^i) \sum_{\substack{j=2 \\ j \ne i}}^{N-1} \alpha_{ij}(\mathrm{st}_t^i) \beta_{t+1}(j, 1) + \beta_{t+1}(i, \mathrm{st}_t^i + 1) \quad (1 < i < N)$$

$$(4\text{-}34)$$

$$\beta_t(1, \mathrm{st}_1^i) = \sum_{j=2}^{N-1} a_{1j}(\mathrm{st}_1^i) \beta_t(j, 1) \qquad (4\text{-}35)$$

基于前向概率公式和后向概率公式,可以得出状态向量 $S=(s_1,s_2,\cdots,s_T)$,$s_1,s_2,\cdots,s_T \in \{i,1 \leq i \leq N\}$ 的条件概率公式为

$$P_S = P(S|M) = \sum_{i=1}^{N} \sum_{st_t^i}^{T_t^{i*}} \alpha_t(i,st_t^i)\beta_t(i,st_t^i) \quad (4-36)$$

(3) 时变马尔可夫过程模型中的参数重估计公式可由上述公式获得

$\zeta_t(i,j,st) = p(s_t=i,s_{t'}=j,st_t^i=st|S,M)$

$$= \begin{cases} \dfrac{1}{P_S}\alpha_t(1,st_t^1)a_{1j}(st_t^1)\beta_t(j,1) & (i=1) \\ \dfrac{1}{P_S}\alpha_t(1,st)p(st_t^i)a_{ij}(st_t^i)\beta_{t+1}(j,1) & (2 \leq i,j < N) \\ \dfrac{1}{P_S}\alpha_t(i,st)p(st)a_{iN}(st)\beta_{t+1}(j,st) & (2 \leq i < N, j=N) \end{cases} \quad (4-37)$$

$\zeta_t(i,j,st)$ 为给定模型 M 和状态序列为 $S=(s_1,s_2,\cdots,s_t)$,$s_1,s_2,\cdots,s_t \in \{i,1 \leq i \leq N\}$ 时,部件在状态 i 停留时间为 st 后转移到状态 j 的概率。

设 $\gamma_t(i,st)$ 为给定模型 M 和状态序列 S,部件在时刻 t 在状态 i 停留时间为 st 的概率,$\gamma_t(i,st) = p(s_t=i,st_t^i=st|S,M) = \dfrac{1}{P_S}\alpha_t(i,st)\beta_t(i,st)$。

设 $\eta_t(i,st)$ 为 t 时刻部件在状态 i 停留时间为 st 时的概率,

$$\eta_t(i,st) = \dfrac{1}{P_S}\alpha_t(i,st)p(st_t^i=st)\Big[\sum_{\substack{j=2\\j\neq i}}^{N-1} a_{ij}(st)\beta_{t+1}(j,1) + a_{iN}(st)\beta_t(N,st_t^N)\Big]$$

$$(4-38)$$

由 $a_{ij}(st) = p(s_{t+1}=j|s_t=i,st_t^i=st)$ 可知,

$$\bar{a}_{ij}(st) = \dfrac{\text{在状态 } i \text{ 停留时间为 st 时},\text{从状态 } i \text{ 转移到状态 } j \text{ 的期望次数}}{\text{在状态 } i \text{ 停留时间为 st 时},\text{从状态 } i \text{ 转出的期望次数}}$$

$$(4-39)$$

$a_{ij}(st)$ 的估重公式为

$$\bar{a}_{ij}(st) = \dfrac{\sum_{t=1}^{T} \zeta_t(i,j,st)}{\sum_{t=1}^{T} \eta_t(i,st)} \quad (4-40)$$

式中:$\sum_{t=1}^{T} \zeta_t(i,j,st)$ 为部件在状态 i 停留时间 st 从状态 i 转移到状态 j 的期望次数;$\sum_{t=1}^{T} \eta_t(i,st)$ 为部件在状态 i 停留时间 st 从状态 i 转移到其他状态的期望次数之和。

设状态停留时间概率服从高斯分布(μ_i, σ_i^2),有

$$\overline{\mu}_i = \frac{\sum_{t=1}^{T}\sum_{st=1}^{T^{i*}}\eta_t(i,\text{st}) \cdot \text{st}}{\sum_{t=1}^{T}\sum_{st=1}^{T^{i*}}\eta_t(i,\text{st})} \tag{4-41}$$

$$\overline{\sigma}_i^2 = \frac{\sum_{t=1}^{T}\sum_{st=1}^{T^{i*}}\eta_t(i,\text{st}) \cdot (\text{st})^2}{\sum_{t=1}^{T}\sum_{st=1}^{T^{i*}}\eta_t(i,\text{st})} - \overline{\mu}_i^2 \tag{4-42}$$

(4) 可靠度的确定与剩余寿命预测。

处于非安全域状态的部件,表示其不能按照要求完成规定任务,因此可认为t时刻系统在状态i停留时间为st后转移到非安全域状态N的概率$\zeta_t(i,N,\text{st})$为其不可靠度,转移到其他各安全子域的概率之和为其可靠度。部件在不同时刻的可靠度可定义为

$$R(t) = 1 - \zeta_t(i,N,\text{st}) \tag{4-43}$$

假设设备的故障率函数为$\lambda(t)$,寿命分布函数为$F(t)$,其密度函数为$f(t)$,$f(t)=F'(t)$,可靠度函数为$R(t)$,则存在$F(t)+R(t)=1$,$\lambda(t)=f(t)/R(t)$。对$\forall t$,有$R(t)>0$,因此,$\lambda(t)$可认为是$(t,t+\Delta t)$区间故障条件概率的估计。

用L表示设备的寿命周期,$\text{RUL}(t)$表示在时刻t设备运行正常,从t到系统发生故障的剩余寿命期望,$\text{RUL}(t)=E(L-t|L>t)=[1/R(t)]\int_t^{\infty}R(x)\mathrm{d}x$。

已知设备在时刻t^*进入状态i,并在状态i的停留时间为st时,其剩余寿命等于在运行状态i的有效剩余停留时间和其他剩余状态停留时间之和(假设其遍历$i+1,i+2,\cdots,N-1$个状态)。

其中,在运行状态i的有效剩余停留时间为

$$\text{RUL}_{t^*+\text{st}}^i = \text{RUL}^i \cdot [1-\lambda(t^*+\text{st}) \cdot \Delta t] = \text{RUL}^i \cdot \left[1 - \frac{\zeta_{t^*+\text{st}}(i,j,\text{st})}{\eta_{t^*+\text{st}}(i,\text{st})}\right] \tag{4-44}$$

式中:$\text{RUL}_{t^*+\text{st}}^i$为设备在时刻$t^*$进入状态$i$,并在状态$i$的停留时间为st时,在运行状态$i$的有效剩余停留时间;$\text{RUL}^i$为设备在状态$i$的期望停留时间,$\text{RUL}^i=\mu_i$。

因此,设备在时刻t^*进入状态i,并在状态i的停留时间为st时的剩余寿命为

$$\text{RUL}_{t^*+\text{st}}^{i,\text{st}} = \text{RUL}_{t^*+\text{st}}^i + \sum_{j=i+1}^{N-1}\mu_j \tag{4-45}$$

4.4 实例验证

4.4.1 数据采集

滚动轴承是轨道交通车辆中应用最为广泛的一种通用机械部件,但其故障发生率较高,据统计仅有10%~20%的滚动轴承可以达到设计寿命,其在使用过程中常常由于疲劳、磨损、拉伤、电腐蚀、断裂、胶合等各种原因造成机器性能异常,无法正常工作。因此,本章以轴承为例验证本方法的科学性。

本书采用法国FEMTO-ST研究所,AS2M部门设计实现的专门用于测试和验证轴承PRONOSTIA试验平台(图4-3)上采集的轴承全寿命数据。PRONOSTIA由3个主要部分组成:旋转部分、加载部分(在测试轴承上施加径向力)和测量部分。

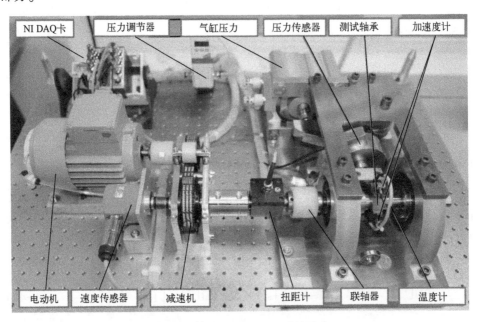

图4-3 轴承PRONOSTIA试验平台

旋转部分包括带变速箱的异步电动机及其两个轴,其中一个靠近电动机,第二个放置在增量编码器的行驶侧。电机功率为250W,通过变速箱传递旋转运动,它允许电动机达到2830r/min的额定转速,从而可以提供额定转矩同时将副轴的速度保持在小于2000r/min的速度。符合刚性联轴器用于产生、传递旋转运动的连接由电动机产生的轴支撑轴承。轴承支承轴(图4-4)引导轴承通过其内圈。保留这个固定在轴上,右侧有一个肩部,左侧有一个带螺纹的锁环。由一个部件制成的轴由两个枕块和它们的大齿轮保持。二夹具允许轴在两个枕块之间纵向阻挡。一个人机接口允许操作员设置速度,选择电动机的方向旋转并设置监控参数,如电动机的瞬时温度以最高使用温度的百分比表示。

图 4-4 轴承支承轴

加载部分:该部件的组件为独特且相同的铝板,部分隔离从仪器部分通过一层薄薄的聚合物。铝板支撑气动千斤顶、垂直轴及其杠杆臂、力传感器、夹紧环的实验轴承、支撑测试轴承轴、两个轴承座及其大型超大轴承。该从气动千斤顶发出的力首先由杠杆臂放大,然后是间接地通过其夹紧环施加在试验球轴承的外圈上(图4-5)。这个装载部分构成了整个系统的核心。实际上,径向力减小了通过将其值设置为轴承的最大动载荷来确定轴承的使用寿命是4000N。

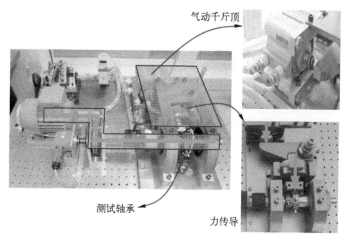

图 4-5 加载装置

轴承的运行条件由施加在轴承上的径向力、轴承的旋转速度以及轴承上的扭矩测得,采样频率为 100Hz;轴承的退化量由振动加速度传感器和温度传感器(图 4-6)测得,振动信号由两个放置呈 90°角的加速计(型号为 DYTRAN 3035B)采集,分别放置在水平和垂直轴上,采样频率为 25.6kHz,每 10s 采样一次,每次采样时长 0.1s,包含 2560 个样本点;温度传感器(型号为铂金 RTD PT100 的电阻温度检测器)位于靠近轴承外环的孔内,采样频率为 10Hz,每分钟采样 600 个点。

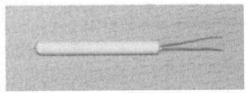

图 4-6 数据采集部分:振动加速度传感器和温度传感器

排除不包含温度数据和温度数据明显失常的样本,本章用于训练测试的数据集如表 4-2 所列。

表 4-2 数据集

数 据 集	运行工况		
	工况 1	工况 2	工况 3
训练集	Bearing1_1 Bearing1_2 Bearing1_4 Bearing1_5	Bearing2_1 Bearing2_4	Bearing3_1
测试集	Bearing1_6 Bearing1_7	Bearing2_5	Bearing3_3

4.4.2 特征提取

由于轴承数据包含两组振动加速度和一组温度数据,对轴承振动加速度数据求熵,并将温度数据与振动加速度数据对齐。图 4-7 对轴承的同一全寿命信号分别提取了 $q = 2$ 的 Tsallis 熵、峭度、Shannon 熵和 Renyi 熵,通过信号表现可知,Shannon 熵和 Renyi 熵在全寿命信号周期内并不单调,且波动较大;峭度值的趋势性不够明显,且中间部分出现大于故障后的值,3 种特征对轴承的性能退化均无法准确表达;Tsallis 熵不仅呈现全寿命周期内的单调特性,在轴承性能开始退化(图中样本数为 1500 处)开始呈现下降趋势,在其中均有所反应,且数值稳定性较好,因此,与峭度、Shannon 熵和 Renyi 熵相比,Tsallis 熵不仅能够反映轴承性能退化趋势,而且其表现非常稳定,有利用后续确定失效阈值。

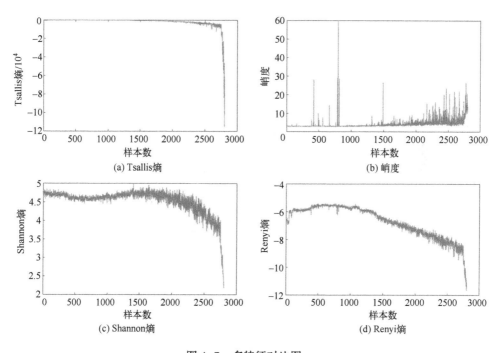

图 4-7 多特征对比图

对轴承温度信号进行重采样至振动特征信号相同长度,提取其中最大值,三组信号分别归一化,将其变换为无量纲的表达式。以轴承 Bearing1_1 为例,其特征表达如图 4-8 所示。

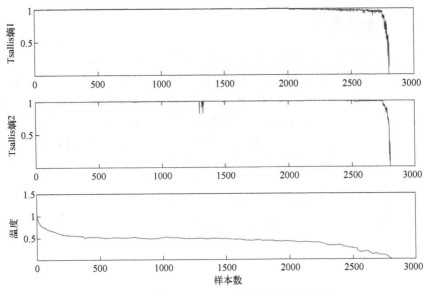

图 4-8　工况 1 bearing 1_1 轴承归一化特征图

4.4.3　数据分段结果

对数据集中工况 1 bearing 1_1 的特征数据进行自动分段,输入特征为[Tsallis 1,Tsallis 2,Temperature],得到结果如图 4-9 所示。

因此,对 Bearing1_1 的分段结果为[0,360]、[361,1800]、[1801,2740]、[2741,2803],也就是轴承的退化过程可分为 4 个阶段,磨合阶段、正常运行阶段、退化失效阶段和完全失效阶段,与实际使用相吻合,充分验证了多元模糊分段算法的有效性和科学合理性。我们将完全失效阶段视为非安全域;磨合阶段、正常运行阶段和退化失效阶段视为安全域,并将 3 个阶段分别记为安全子域 1、安全子域 2 和安全子域 3。

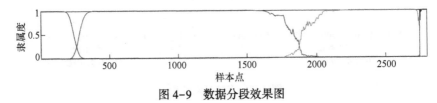

图 4-9　数据分段效果图

4.4.4　安全域状态识别

本书并未采用隐马尔可夫过程,因此需对机械部件的运行状态,也就是部件安全域进行有效辨识。

1) 训练样本对齐

不同的轴承具有不完全相同的退化轨迹,退化量不尽相同,因此在样本规整对齐时,并未根据退化量进行规整,而是依据退化量的变化趋势,也就是退化轨迹各点的斜率,根据 DTW 算法,取 Bearing1_1 和 Bearing1_2 的对齐过程为例,其斜率对齐的最佳路径如图 4-10 所示,斜率对齐效果如图 4-11 所示,样本对齐效果如图 4-12 所示。

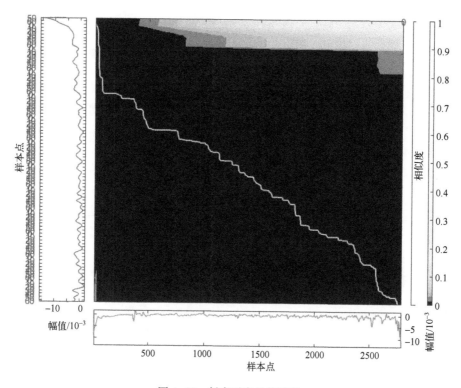

图 4-10　斜率对齐最佳路径

由图 4-12 可以看出,Bearing1_1 和 Bearing1_2 的退化规律基本一致。基于 Bearing1_1 的分段位置,Bearing1_2 的分段位置为([1,289],[290,392],[393,844],[845,871])。

然而在很多情况下,并不是所有的轴承都会经历这 4 个退化阶段,在我们测试的样本中,存在无明显退化阶段而直接失效的轴承 Bearing2_4(图 4-13)和一直处于退化阶段直至失效的轴承 Bearing2_5。以 Bearing2_4 为例,验证本算法的有效性。

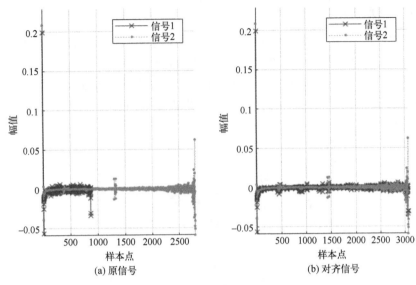

图 4-11　斜率对齐效果

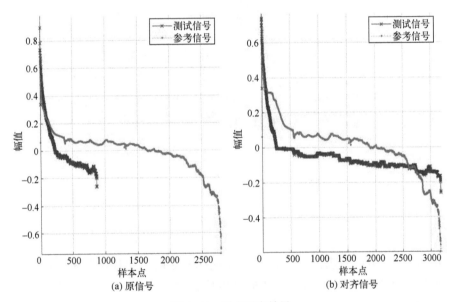

图 4-12　样本对齐效果

由 Bearing2_4 的磨合阶段[1,402]、退化失效阶段[403,740]、完全失效阶段[741,751]，可得出结论：基于斜率的动态时间规整算法对不完全符合退化规律的样本仍具有较好的匹配性，不会由于强行对齐而对退化规律总结造成负面影响。

第4章 基于数据驱动的列车关键部件实时可靠性预测分析

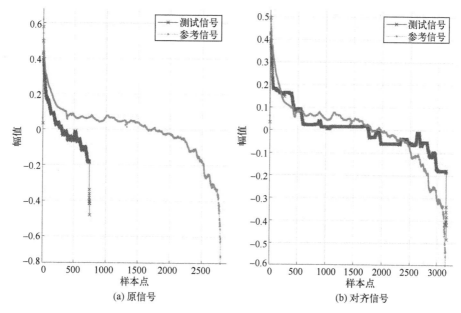

图 4-13 Bearing2_4 规整效果

对不同的轴承样本分段结果如表 4-3 所列。

表 4-3 全部轴承样本分段结果

轴承编号	磨合阶段 （安全子域 1）	正常运行阶段 （安全子域 2）	退化失效阶段 （安全子域 3）	完全失效阶段 （非安全域）
Bearing1_1	[1,360]	[361,1800]	[1801,2740]	[2741,2803]
Bearing1_2	[1,289]	[290,392]	[393,844]	[845,871]
Bearing1_4	[1,329]	[330,1084]	[1085,1376]	[1377,1428]
Bearing1_5	[1,612]	[613,1020]	[1021,2421]	[2422,2463]
Bearing1_7	[1,540]	[541,1980]	[1981,2210]	[2211,2259]
Bearing2_1	[1,660]	[661,817]	[818,874]	[875,977]
Bearing2_4	[1,402]	—	[403,740]	[741,751]
Bearing2_5	[1,566]	[567,2254]	—	[2255,2311]
Bearing3_1	[1,246]	[247,490]	—	[491,517]
Bearing3_3	[1,134]	[135,294]	[295,423]	[424,436]

2）部件安全域识别

为验证本章提出对轨道交通列车机械部件状态划分与识别的有效性和准确性，采用 Bearing1_1、Bearing1_2、Bearing2_1、Bearing2_4、Bearing3_1 组数据进行训练,其他轴承数据进行测试。采用第 2 章所述状态辨识方法,对轴承状态进行辨识,结果如表 4-4 所列。

表 4-4 部件运行安全域识别准确率

状态	安全子域1	安全子域2	安全子域3	非安全域	识别精度
安全子域1	0.9482	0.0511	0.0007	0	0.9482
安全子域2	0.0429	0.9314	0.0257	0	0.9314
安全子域3	0	0.0408	0.9588	0.0004	0.9588
非安全域	0	0	0.0155	0.9845	0.9845

4.4.5 时变马尔可夫过程模型

在时变马尔可夫过程模型中,假设状态转移概率服从混合高斯分布概率密度函数,其状态停留时间概率分布函数服从单高斯分布概率密度函数,根据模糊安全域划分算法,得到其状态数 $N=4$。训练过程最大迭代步数设为 1000,算法误差收敛为 1×10^{-5}。

根据轴承安全域评估结果,可得到各安全子域及非安全域之间互相转换的初始矩阵及其在各个安全域度内的平均停留时间,结果如表 4-5 和表 4-6 所列。

表 4-5 轴承安全域初始转换矩阵

安全域	安全子域1	安全子域2	安全子域3	非安全域
安全子域1	0.8712	0.1112	0.0173	0.0003
安全子域2	0	0.7496	0.2511	0.0993
安全子域3	0	0	0.7028	0.2972
非安全域	0	0	0	1.0000

表 4-6 轴承各安全域内平均停留时间

安全域	安全子域1	安全子域2	安全子域3	非安全域
平均停留单位时间	413.8	739.5	383.9	44.3

利用上述滚动轴承的全寿命数据,得到了一个 4 状态的时变马尔可夫过程可靠性与寿命预测模型。表 4-7 和表 4-8 给出了当部件在安全子域 1 停留 10 个单位时间时,状态停留时间的均值和方差。表 4-9 和表 4-10 给出了当部件在安全子域 2 停留 40 个单位时间时,状态停留时间的均值和方差。

表4-7 部件在安全子域1停留10个单位时间运行状态转移概率矩阵

状态	安全子域1	安全子域2	安全子域3	非安全域
安全子域1	0.8695	0.1128	0.0174	0.0003
安全子域2	0	0.7496	0.2511	0.0993
安全子域3	0	0	0.7028	0.2972
非安全域	0	0	0	1.0000

当前设备的可靠性 $R(i=1, \mathrm{st}_1=10) = 1-0.0003 = 0.9997$。

表4-8 部件在安全子域1停留10个单位时间各运行状态停留时间的期望与方差

状态	安全子域1	安全子域2	安全子域3	非安全域
停留时间期望	390.8451	739.5547	383.93594	44.3543
停留时间方差	2.9458	1.5942	1.5026	1.4358

表4-9 部件在安全子域2停留40个单位时间时运行状态转移概率矩阵

状态	安全子域1	安全子域2	安全子域3	非安全域
安全子域1	—	—	—	—
安全子域2	0	0.6512	0.3291	0.1179
安全子域3	0	0	0.7028	0.2972
非安全域	0	0	0	1.0000

当前设备的可靠性 $R(i=2, \mathrm{st}_1=40) = 1-0.1179 = 0.8821$。

表4-10 部件在安全子域2停留40个单位时间时各运行状态停留时间的期望与方差

状态	安全子域1	安全子域2	安全子域3	非安全域
停留时间期望	—	665.9154	383.9326	44.3427
停留时间方差	—	1.9425	1.5026	1.4358

对本次实验用的轴承而言,其有效寿命为安全子域1、2、3的寿命值,当轴承到达非安全域状态时,已经完全失效。与HMM算法进行对比,Bearing1_1的预测结果如图4-14所示。

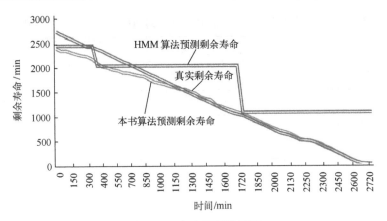

图 4-14 寿命预测结果图

由图 4-14 可以看出，HMM 算法寿命呈现阶梯下降状态，与实际情况严重不符；本书所提算法的预测寿命较 HMM 有更高的准确性，符合寿命随时间逐渐下降趋势，且可看出由于算法采用了当前时刻所处的安全域水平及在该水平下的停留时间对状态转移概率矩阵进行了更新，算法精度会随着部件性能的逐渐退化而越来越精确，即预测寿命结果越到后期越准确。

4.5 小　　结

本章利用多元监测信息，采用时序模糊方法实现了安全子域和非安全域的科学界定，有效解决了目前工程上对机械部件安全状态凭经验或单阈值分级的问题，并为时变马尔可夫过程状态数量选择提供了依据；时变马尔可夫过程有效描述了轨道交通列车机械部件自身特性随时间增加的变化趋势，实现了基于状态监测信息的多态可靠性评估与寿命预测。

参考文献

[1] LU C J, MEEKER W O. Using Degradation Measures to Estimate a Time-to-Failure Distribution[J]. Technometrics,1993,35:161-174.

[2] LU H,KOLARIK W J,LU H. Real-time performance reliability prediction[J]. Ieee T Reliab, 2001,50:353-357.

[3] OLIVEIRA V R B D,COLOSIMO E A. Comparison of Methods to Estimate the Time-to-failure Distribution in Degradation Tests[J]. Quality & Reliability Engineering,2004,20:363-373.

[4] CRK V. Reliability assessment from degradation data[C]. Proceedings of the Annual Reliability and Maintainability Symposium 2000, Philadelphia,2000.

[5] LU J,PARK J,YANG Q. Statistical Inference of a Time-to-Failure Distribution Derived From

Linear Degradation Data[J]. Technometrics,1997,39:391-400.
[6] LEHMANN A. Joint modeling of degradation and failure time data[J]. Journal of Statistical Planning & Inference,2009,139:1693-1706.
[7] 王华伟,高军,吴海桥. 基于竞争失效的航空发动机剩余寿命预测[J]. 机械工程学报,2014,50:197-205.
[8] MEEKER W Q,ESCOBAR L A,LU C J. Accelerated Degradation Tests: Modeling and Analysis[J]. Technometrics,1998,40:89-99.
[9] 彭宝华. 基于Wiener过程的可靠性建模方法研究[D]. 长沙:国防科学技术大学,2010.
[10] LIAO H,ELSAYED E A. Reliability inference for field conditions from accelerated degradation testing[J]. Naval Research Logistics,2006,53:576-587.
[11] 毛松,师义民,孙天宇,等. 竞争失效场合相似产品可靠性的综合评估[J]. 系统工程理论与实践,2014,34:957-963.
[12] PAN Z,BALAKRISHNAN N. Multiple-Steps Step-Stress Accelerated Degradation Modeling Based on Wiener and Gamma Processes[J]. Communication in Statistics - Simulation and Computation,2010,39:1384-1402.
[13] HUANG W,ASKIN R G. A Generalized SSI Reliability Model Considering Stochastic Loading and Strength Aging Degradation[J]. Ieee T Reliab,2004,53:77-82.
[14] 王正,谢里阳,李兵. 随机载荷作用下的零件动态可靠性模型[J]. 机械工程学报,2007,43:20-25.
[15] FAGHIH-ROOHI S,XIE M,NG K M,et al. Dynamic availability assessment and optimal component design of multi-state weighted k-out-of-n systems[J]. Reliab Eng Syst Safe,2014,123:57-62.
[16] KIM M J,MAKIS V,JIANG R. Parameter estimation in a condition-based maintenance model[J]. Statistics & Probability Letters,2010,80:1633-1639.
[17] GRIFFITH W S. Optimal Reliability Modeling: Principles and Applications[J]. Technometrics,2004,46:541-547.
[18] GOEL G D,MURARI K. Two - unit cold - standby redundant system subject to random checking,corrective maintenance and system replacement with repairable and non-repairable types of failure[J]. Microelectronics Reliability,1990,30:661-665.
[19] LIU Y,LI Y,HUANG H Z,et al. Optimal preventive maintenance policy under fuzzy Bayesian reliability assessment environments[J]. Iie Trans,2010,42:734-745.
[20] MOGHADDASS R,ZUO M J,WANG W. Availability of a general k-out-of-n:G system with non-identical components considering shut-off rules using quasi-birth-death process[J]. Reliability Engineering and System Safety,2011,96:489-496.
[21] MOGHADDASS R,ZUO M J,QU J. Reliability and Availability Analysis of a Repairable -out-of- System With Repairmen Subject to Shut-Off Rules[J]. Ieee T Reliab,2011,60:658-666.
[22] ERYILMAZ S. A reliability model for a three-state degraded system having random degradation rates[J]. Reliab Eng Syst Safe,2016,156:59-63.

[23] WANG W, DI MAIO F, ZIO E. Component- and system-level degradation modeling of digital Instrumentation and Control systems based on a Multi-State Physics Modeling Approach[J]. Ann Nucl Energy, 2016, 95: 135-147.

[24] GHASEMI A, YACOUT S, OUALI M S. Optimal condition based maintenance with imperfect information and the proportional hazards model[J]. Int J Prod Res, 2007, 45: 989-1012.

[25] ERYILMAZ S, RIZA BOZBULUT A. An algorithmic approach for the dynamic reliability analysis of non-repairable multi-state weighted k-out-of-n: G system[J]. Reliab Eng Syst Safe, 2014, 131: 61-65, doi: 10.1016/j.ress.2014.06.017.

[26] LIU Y W, KAPUR K C. Reliability measures for dynamic multistate nonrepairable systems and their applications to system performance evaluation[J]. Iie Trans, 2006, 38: 511-520.

[27] SHEU S H, ZHANG Z G. An Optimal Age Replacement Policy for Multi-State Systems[J]. Ieee T Reliab, 2013, 62: 722-735.

[28] ERYILMAZ S. Dynamic assessment of multi-state systems using phase-type modeling[J]. Reliab Eng Syst Safe, 2015, 140: 71-77.

[29] AL-DAHIDI S, DI MAIO F, BARALDI P, et al. Remaining useful life estimation in heterogeneous fleets working under variable operating conditions[J]. Reliab Eng Syst Safe, 2016, 156: 109-124.

[30] DE RANGO F, VELTRI F, MARANO S. Channel Modeling Approach Based on the Concept of Degradation Level Discrete-Time Markov Chain: UWB System Case Study[J]. IEEE Transactions on Wireless Communications 2011, 10: 1098-1107.

[31] HUANG C C, YUAN J. A two-stage preventive maintenance policy for a multi-state deterioration system [J]. Reliab Eng Syst Safe, 2010, 95: 1255-1260, doi: 10.1016/j.ress.2010.07.001.

[32] MUHAMMAD M, AMIN ABD MAJID M. Reliability and Availability Evaluation for a Multi-state System Subject to Minimal Repair[J]. Journal of Applied Sciences, 2011(11): 2036-2041.

[33] SORO I W, NOURELFATH M, AIT-KADI D. Performance evaluation of multi-state degraded systems with minimal repairs and imperfect preventive maintenance[J]. Reliab Eng Syst Safe, 2010, 95: 65-69.

[34] CHEN A, WU G S. Real-time health prognosis and dynamic preventive maintenance policy for equipment under aging Markovian deterioration[J]. Int J Prod Res, 2007, 45: 3351-3379.

[35] DONG M, PENG Y. Equipment PHM using non-stationary segmental hidden semi-Markov model[J]. Robot Cim-Int Manuf, 2011, 27: 581-590.

[36] MORCOUS G, LOUNIS Z, MIRZA M S. Identification of Environmental Categories for Markovian Deterioration Models of Bridge Decks[J]. Journal of Bridge Engineering, 2003, 8: 353-361.

[37] PC K, GA K, YANG Y. Availability of periodically inspected systems subject to Markovian degradation[J]. Journal of Applied Probability, 2002, 39: 700-711.

[38] SCHEFFER C, ENGELBRECHT H, HEYNS P S. A comparative evaluation of neural networks and hidden Markov models for monitoring turning tool wear[J]. Neural Computing and Applications 2005, 14:325-336.

[39] QIU H, LIAO H, LEE J. Degradation Assessment for Machinery Prognostics Using Hidden Markov Models[C]//Proceedings of ASME 2005 International Design Engineering Technical Conferences and Computers and Information in Engineering Conference. Los Angeles, 2005.

[40] CHEN C T, CHEN Y W, YUAN J. On a dynamic preventive maintenance policy for a system under inspection[J]. Reliab Eng Syst Safe, 2003, 80:41-47.

[41] LIN D, MAKIS V. On-line parameter estimation for a failure-prone system subject to condition monitoring[J]. Journal of Applied Probability, 2004, 41:211-220.

[42] KIM M J, MAKIS V, JIANG R. Parameter estimation in a condition-based maintenance model [J]. Statistics & Probability Letters, 2010, 80:1633-1639.

[43] MUHAMMAD M, MAJID M A A. Reliability and Availability Evaluation for a Multi-state System Subject to Minimal Repair[J]. Journal of Applied Sciences, 2011, 11.

[44] SORO I W, NOURELFATH M, AÏT-KADI D. Performance evaluation of multi-state degraded systems with minimal repairs and imperfect preventive maintenance[J]. Reliability Engineering and System Safety, 2010, 95:65-69.

[45] SIM S H, ENDRENYI J. A failure-repair model with minimal and major maintenance[J]. Ieee T Reliab 1993, 42:134-140.

[46] CHIANG J H, YUAN J. Optimal maintenance policy for a Markovian system under periodic inspection[J]. Reliab Eng Syst Safe, 2001, 71:165-172.

[47] WU G S. Real-time health prognosis and dynamic preventive maintenance policy for equipment under aging Markovian deterioration[J]. Int J Prod Res, 2007, 45:3351-3379.

[48] CHEN C T. Dynamic preventive maintenance strategy for an aging and deteriorating production system[J]. Expert Systems with Applications An International Journal, 2011, 38:6287-6293.

[49] LI Y F, ZIO E, LIN Y H. A Multistate Physics Model of Component Degradation Based on Stochastic Petri Nets and Simulation[J]. Ieee T Reliab, 2012, 61:921-931.

[50] LIU Y, HUANG H Z. Optimal Replacement Policy for MultiState System Under Imperfect Maintenance[J]. Ieee T Reliab, 2010, 59:483-495.

[51] HSU B M, SHU M H. Reliability assessment and replacement for machine tools under wear deterioration[J]. The International Journal of Advanced Manufacturing Technology, 2010, 48:355-365.

[52] DONG M, HE D. Hidden semi-Markov model-based methodology for multi-sensor equipment health diagnosis and prognosis[J]. European Journal of Operational Research, 2007, 178:858-878.

[53] DONG M, HE D, BANERJEE P, et al. Equipment health diagnosis and prognosis using hidden semi-Markov models[J]. The International Journal of Advanced Manufacturing Technology, 2006, 30:738-749.

[54] TENG H,ZHAO J,JIA X,et al. Experimental study on gearbox prognosis using total life vibration analysis[C]//Proceedings of Prognostics and System Health Management Conference (PHM-Shenzhen),Shenzhen,2011.

[55] LAM C T,YEH R H. Optimal replacement policies for multistate deteriorating systems[J]. Naval Research Logistics,1994,41:303-315.

[56] BARBU V,LIMNIOS N. Semi-Markov chains and hidden semi-Markov models toward applications[M]. New York:Springer,2008.

[57] CHRYSSAPHINOU O,LIMNIOS N,MALEFAKI S. Multi-State Reliability Systems Under Discrete Time Semi-Markovian Hypothesis[J]. Ieee T Reliab,2011,60:80-87.

[58] BARBU V,LIMNIOS N. Nonparametric Estimation for Failure Rate Functions of Discrete Time semi-Markov Processes[M]. New York:Springer,2006.

[59] LISNIANSKI A,LEVITIN G. Multi-State System Reliability,Assessment,Optimization and Applications[J]. Assessment Optimization & Applications World Scientific,2003,6:207-237.

[60] MOGHADDASS R,ZUO M J. A parameter estimation method for a condition-monitored device under multi-state deterioration[J]. Reliability Engineering & System Safety,2012,106:94-103.

[61] SOLO C J. Semi-Markov models for degradation-based reliability. Iie Trans 2010,42:599-612.

[62] SHU M H,HSU B M,KAPUR K C. Dynamic performance measures for tools with multi-state wear processes and their applications for tool design and selection[J]. Int J Prod Res,2010,48:4725-4744.

[63] 张媛,秦勇,贾利民,等. 轨道交通系统运行安全评估的安全域估计方法框架研究[C]. 中国系统仿真技术及其应用学术年会,黄山,2011.

[64] 秦勇,史婧轩,张媛,等. 基于安全域估计的轨道车辆服役状态安全评估方法[J]. 中南大学学报(自然科学版),2013,44:195-200.

[65] TSALLIS C. Possible generalization of Boltzmann-Gibbs statistics[J]. Journal of Statistical Physics,1988,52:479-487.

[66] PLASTINO A R,PLASTINO A. Tsallis' entropy,Ehrenfest theorem and information theory[J]. Physics Letters A,1993,177:177-179.

[67] HIMBERG J,KORPIAHO K,MANNILA H,et al. Time Series Segmentation for Context Recognition in Mobile Devices[C]//Proceedings of IEEE International Conference on Data Mining. San Jose,2001.

[68] VASKO K T,TOIVONEN H. T. T. Estimating the number of segments in time series data using permutation tests[C]//Proceedings of IEEE International Conference on Data Mining. San Jose,2001.

[69] ABONYI J,BABUSKA R,SZEIFERT F. Modified Gath-Geva fuzzy clustering for identification of Takagi-Sugeno fuzzy models[J]. IEEE Transactions on Systems Man & Cybernetics Part B Cybernetics A Publication of the IEEE Systems Man & Cybernetics Society,2002,32:612-

621.

[70] BEZDEK J C, DUNN J C. Optimal Fuzzy Partitions: A Heuristic for Estimating the Parameters in a Mixture of Normal Distributions[J]. IEEE Transactions on Computers, 1975, C-24:835-838.

[71] TIPPING M E, BISHOP C M. Mixtures of Probabilistic Principal Component Analyzers[J]. Neural Computation, 1999, 11:443-482.

[72] KAYMAK U, BABUSKA R. Compatible cluster merging for fuzzy modelling[C]//Proceedings of International Joint Conference of the Fourth IEEE International Conference on Fuzzy Systems. New Orleans, 2019.

第 5 章

基于网络流的列车系统多态可靠性分析评估

5.1 概　述

轨道列车系统是一个复杂的机电信息大系统,其零部件众多,且存在着复杂的机械、电子、信息、控制等相互影响和耦合关系,同时具有时变性和随机非线性等特点。某一部件的失效很可能导致与其相关联的部件连发故障引起整个系统的级联失效。因此,轨道列车系统的可靠性分析尤为重要。

系统可靠性研究最早可以追溯到 20 世纪 50 年代,美国为了解决军用电子设备和复杂导弹系统故障率高的问题,开展了系统可靠性研究。随着科学和工程技术的进步,许多系统呈现了高可靠、长寿命和多状态等特点,传统的系统可靠性方法遇到了一些难以克服的困难。

具有多状态特点的系统可靠性理论始于 20 世纪 70 年代,主要研究内容集中在具有多状态组件的单调关联系统[1-4]。通过将二态单调关联系统理论扩展到多态单调关联系统,利用最小路集或最大割集的概念,确定系统的状态由最好的最小路集中最差的组件状态决定,或等价于由最差的最小割集中最好的组件状态决定,由此将二态系统的可靠性理论结果扩展到多状态系统,一般借助二态系统中可靠性框图和故障树的概念实现[5-6]。文献[7]结合多状态系统特点,利用有序二元决策图(ordered binary decision diagram,OBDD)对具有非完全故障覆盖的多状态系统进行可靠性评估,满足系统的组合性能需求。文献[8]利用通用生成函数技术为基础,对可靠性框图进行修改以用于评估多状态系统的可靠性和性能指标。随机多值模型[9]也被应用于多状态系统可靠性评估,而且它比通用生成函数的评估更有效率,且不受系统组件数目的影响。

国内对高速列车可靠性研究较为丰富。可靠性分布函数拟合[10]、可靠性框图[11-13]、故障模式、影响及危害性分析(FMECA)[14-15]、故障树[13,16-17]是常用的可靠性分析模型,Goodman-Smith 图[18]、贝叶斯模型[19]也被引入到列车可靠性分析中,基于历史故障数据或退化数据,对列车子系统进行传统可靠性分析。近年来,由于高速列车的复杂性,越来越多的学者引入网络理论,采用复杂网络[20]、GERT随机网络[21]等,对列车可靠性进行了综合分析;马尔可夫模型由于其多态转移优势,文献[22]建立了高速列车牵引传动系统定义了"安全""亚安全""故障"三态马尔可夫可靠性模型;针对列车运行可靠性的研究极少,文献[23]综合运用比例故障率模型(PHM)、支持向量回归机(SVR)、自回归(AR)模型、模糊影响图、可拓学理论,建立了CRH3在役高速列车传动系统运行可靠性分析模型。

总体来说,针对轨道交通列车的系统可靠性研究较少,大多集中在系统设计阶段研究且采用基于时间的概率分布。而正常运行的部件实时可靠性个性特征鲜明,传统基于失效分布的可靠性方法在实时定量分析存在很大偏差;而且现有的可靠性研究多为二态可靠性(完好和故障),且未考虑风险后果,对于轨道交通列车系统实际运营及维修工作的实际指导意义不大。

受自身或外界不确定性因素的影响,轨道交通列车系统及其组成单元在运行过程中一般会表现出多种不同的性能水平,并不是二态模型(系统及其组成单元只有两种不同的性能水平,即完好和失效);另外,轨道交通列车系统各组成单元之间可能存在多种复杂的作用关系,在轨道交通列车系统可靠性评估中有必要进行充分分析考虑。鉴于此,本章将在轨道交通列车系统各组分性能退化数据的基础上,研究分析各组分之间的相互作用关系,构建基于网络流理论的系统可靠性网络模型,实现列车系统多态可靠性评估。

5.2 多态网络流理论

随着科学技术的发展,网络的规模和复杂程度呈现出爆发式的增长,给网络的可靠运行带来极大的挑战。单个部件的失效或未能维持网络在规定的状态下运行都可能引发整个网络瘫痪,带来灾难性的后果。为了准确、高效地评估网络的可靠性,学者们通过建立网络拓扑结构模型来研究网络在各种情况下的保持可靠性运行的能力。传统的网络可靠性模型假设网络及其组成部件(节点和边)仅有完好和失效两种状态,其可靠度即网络的连通度,这类网络可靠性模型成为两状态网络(binary state networks)。但是在很多实际的网络中,特别是当每个部件被赋予了一定物理意义(流量、距离、延迟等)的时候,网络的可靠运行不仅要求能够连通,而且能够满足一定的性能状态(吞吐量、通过距离、通过时间等),这种网络被称为多状态网络(multistate networks)。

用$G=(N,A,\Omega)$代表一个多状态网络模型,其中,$N=\{1,2,3,\cdots,m\}$代表网络

中点的集合,m则为节点总数;$A=\{a_1,a_2,\cdots,a_n\}$代表网络中边的集合,n为边的总数;$\Omega=\{c=(c_1,c_2,\cdots,c_n),c_i\in K_i,1\leqslant i\leqslant n\}$是由网络中各边组成的状态向量,其中$c$为网络的状态向量;$c_i(1\leqslant i\leqslant n)$为网络状态向量为$c$时,边$a_i$的容量状态;$K_i$代表边$a_i$的一种容量状态集合,$K_i=\{c_i|l_i\leqslant c_i\leqslant u_i\}$,$l_i$和$u_i$分别为边$a_i$的最小容量和最大容量。图5-1为多状态网络,表5-1为多状态网络弧的状态及对应概率。

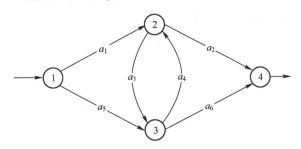

图 5-1　多状态网络[24]

表 5-1　多状态网络弧的状态及对应概率

弧	状		态		状	态	概	率
a_1	0	1	2	3	0.05	0.10	0.25	0.60
a_2	0	1	2	—	0.10	0.30	0.60	—
a_3	0	1	—	—	0.10	0.90	—	—
a_4	0	1	—	—	0.10	0.90	—	—
a_5	0	1	—	—	0.10	0.90	—	—
a_6	0	1	2	—	0.05	0.25	0.70	—

例如,在图5-1所示的多状态网络模型中,$N=\{1,2,3,4\}$,$m=4$;$A=\{a_1,a_2,a_3,a_4,a_5,a_6\}$,$n=6$。$a_1$边有4种状态:0、1、2、3,其所对应的状态概率分别为0.05、0.1、0.25、0.6。边a_1的最小容量为$l_1=0$,最大容量为$u_1=3$,边的状态集合为$K_1=\{0,1,2,3\}$,$K_2=K_6=\{0,1,2\}$,$K_3=K_4=K_5=\{0,1\}$。网络的状态集合$\Omega=\{c=(c_1,c_2,c_3,c_4,c_5,c_6)|c_i\in K_i,1\leqslant i\leqslant 6\}$;若网络状态向量$c=(c_1,c_2,c_3,c_4,c_5,c_6)=(3,2,1,0,0,1)$,则表明当前$a_1$、$a_2$、$a_3$、$a_4$、$a_5$、$a_6$边的容量分别为3、2、1、0、0、1。若存在$C=\{(c_1,c_2,c_3,c_4,c_5,c_6)\mid 1\leqslant c_1\leqslant 3,1\leqslant c_2\leqslant 2,0\leqslant c_3\leqslant 1,c_4=c_5=0,0\leqslant c_6\leqslant 1\}$,则$C\subset\Omega$且有$K_1^C=\{1,2,3\}$,$K_2^C=\{1,2\}$,$K_3^C=K_6^C=\{0,1\}$,$K_4^C=K_5^C=\{0\}$,其中$K_i^C=\{c_i,l_i^C\leqslant c_i\leqslant u_i^C,1\leqslant i\leqslant n\}$;$C$的最小值为$l^C=(1,1,0,0,0,0)$,最大值为$u^C=(3,2,1,0,0,0)$;在$u^C$和$l^C$情况下,从源点1到汇点4的最大流为分别为$F(u^C)=3$,$F(l^C)=1$。

假设 d 为需要从源点到汇点的运输总流量,当 $F(c) \geq d$ 时,则网络状态向量 c 可以接受;若 $F(c) < d$,则 c 不可接受。当网络状态向量集合 C 中的所有状态向量满足约束条件时,则认为 C 是可接受的;当网络状态向量集合 C 中的所有状态向量均不满足约束条件时,则认为 C 是不可接受的。当网络从源点到汇点的流量为 d 时,记为 $d\text{-flow} = (f_1^d, f_2^d, \cdots, f_n^d)$,边 a_i 的流量为 f_i^d,$1 \leq i \leq n$;对于网络状态向量 $c = (c_1, c_2, \cdots, c_n)$,若 $c_i \geq f_i^d (c_i < f_i^d)$,$1 \leq i \leq n$,则 c 是可接受的(不可接受的)。例如,当 $C = \{(c_1, c_2, \cdots, c_6) | 1 \leq c_1 \leq 3, 1 \leq c_2 \leq 2, 0 \leq c_3 \leq 1, c_4 = c_5 = 0, 0 \leq c_6 \leq 1,\}$ 时,对于 $d = 2$,向量 $(2,2,0,0,0,0)$ 是一个 2 单位流量的可行流,最大网络状态向量 $u^C = (3,2,1,0,0,1)$ 是可接受的,因为 $F(u^C) = 3 > 2$,与此同时,最小网络状态向量 $l^C = (1,1,0,0,0,0)$ 不可接受,因为 $F(l^C) = 1 < 2$。$d\text{-flow}$ 在将状态向量空间分割中起着非常重要的作用。$d\text{-flow}$ 的存在性定理[25]如下:

定理 1 对多状态网络模型 $G = (N, A, C)$,若从源点 s 到汇点 t 的最大流 d 小于集合 C 中最大的状态向量,即 $F(u^C) \geq d$,则一定存在至少一个 $d\text{-flow}$。

多状态网络可靠性模型广泛应用于现实中的网络系统,如油气运输配送网[26]、电力运输和配送网[27]、物流供应链网络[28]等。为了提高这类网络的可靠性、确保网络的稳定运行,管理者已经将多状态网络可靠性作为评价其能力的重要指标纳入到网络的设计、建造、运行和维护过程中。因此,本章将多状态网络可靠性扩展至轨道交通列车系统可靠性评估中,并在转向架系统上进行了实例分析。

5.3 列车系统多态网络可靠性建模

多态网络流理论被广泛地应用于系统可靠性评估方面,在运输系统[29]、路网系统[30]、电网系统[31]、计算机网络系统[32]、社交网络系统[33]等领域取得了良好的效果。轨道交通列车包含众多零部件,具备一定的拓扑结构,且零部件的服役性能随着运营时间增加而逐渐衰退,是典型的多态网络,因此可利用多态网络模型建立转向架系统的系统可靠性评估模型。

现有应用多态网络流模型进行系统可靠性建模的实体系统(如路网、电网、计算机网络等)网络拓扑结构明显,只需进行简化建模,系统中车流量、输送电量等可以直接表征为网络模型上面的流量。对于轨道交通列车系统而言,应用多态网络流模型进行系统可靠性分析时,有两个关键问题:①列车系统的多态网络结构如何构建;②网络模型中边上的流量是什么。

5.3.1 列车系统多态网络结构建模

综合考虑轨道交通列车系统各功能实现过程中力、力矩、信息等的传递过程,以系统零部件为节点,能量传递方向为边,构建轨道交通列车系统功能拓扑网络,记为 $G=(V,E)$。其中,节点 $V=(v_1,v_2,\cdots,v_j,\cdots,v_n)$ 为零部件,边 $E=(e_1,e_2,\cdots,e_i,\cdots,e_m)$ 代表零部件间存在能量传递。

基于列车功能拓扑网络结构,进行节点与边的对偶拓扑变换,每个节点转化成带权值的边,每条边转化成对应节点,从而得到全新的轨道交通列车系统可靠性多态网络结构 $Gr=(Vr,Er)$(其中,Vr 节点为无权重连接点,代表两部件间存在能量的传递;Er 边为零部件),如图 5-2 所示。

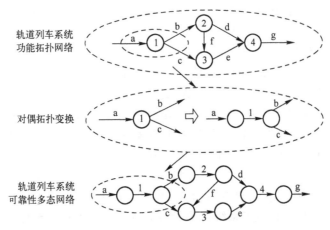

图 5-2　轨道交通列车系统可靠性多态网络模型构建

5.3.2　多态网络模型中边流量定义

根据多态网络流理论,节点无属性值,边上存在离散化的流量及对应概率值。在列车系统可靠性多态网络模型中,边为轨道交通列车的零部件,则将边上的流量定义为零部件的服役性能,边取最大流量为该零部件在完好状态下。列车中的一个零部件可能承担多种能量传递,将一种能量传递作为单位流量,零部件上的最大流量为该部件承担能量的总和,如假设某一部件承担信息和力矩的传递,或者该部件承担两种力的传递(承重力和牵引力),则该部件在轨道交通列车多态网络模型所代表的边的最大流量即为 2。

根据第 4 章部件的服役性能退化分析,部件的状态数与部件的流量分布存在对应关系:当部件失效时,该部件所代表的列车系统可靠性多态网络模型中的边上流量为 0;当部件完好时,该边取最大流量,部件的中间态流量则取对应最大流量均分至其中间态。在多态网络流模型中,网络中的流量值只能取非负整数。由于部件的状态数量和部件的最大流量不一定能够一一对应上,可能存在某一状态时,该部件代表的流量为非整数。

如图 5-3 所示的网络模型,假设部件 1 在第 3 章分析过程中存在 4 种状态(完好、较完好、一般、失效),在本章多态网络流建模时,其所代表的边 e_{r1} 最大流量为 3;部件 2 在第 3 章分析过程中存在 3 种状态(完好、一般、失效),在多态网络流模型中,其所代表的边 e_{r2} 最大流量为 4;部件 3 存在 4 种状态(完好、较完好、一般、失效),在多态网络流模型中,其所代表的边 e_{r3} 最大流量为 4;其各部件的状态对应的流量值如表 5-2 所列。

此时则取所有边状态数与最大流量的最大公约数的整数倍替换网络中具有最大流量的边的最大流量,其他边的最大流量进行相应的变化,图 5-3 的多态网络流模型各部件状态所有的流量值如表 5-3 所列。

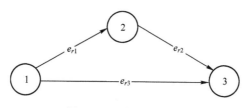

图 5-3 示例网络模型

表 5-2 部件状态对应的流量(一)

部件代表的边		边上流量值				边的最大流量值
e_{r1}	状态	0	1	2	3	3
	流量值	0	1	2	3	
e_{r2}	状态	0	1	2	—	4
	流量值	0	2	4	—	
e_{r3}	状态	0	1	2	3	4
	流量值	0	4/3	8/3	4	

表 5-3 部件状态对应的流量(二)

部件代表的边		边上流量值				边的最大流量值
e_{r1}	状态	0	1	2	3	9
	流量值	0	3	6	9	
e_{r2}	状态	0	1	2	—	12
	流量值	0	6	12	—	
e_{r3}	状态	0	1	2	3	12
	流量值	0	4	8	12	

5.4 转向架系统介绍

转向架是轨道车辆结构中最为重要的系统之一,对列车运行有着不可替代的意义。转向架分为动车转向架和拖车转向架两种,图 5-4 给出了 CRH3 高速列车转向架结构示意图,图 5-4(a)为动车转向架示意图,图 5-4(b)为拖车转向架示意图。列车转向架主要由构架、轮对组成、中央牵引单元、悬挂系统(一系悬挂和二系悬挂等),基础制动单元及辅助零部件组成。

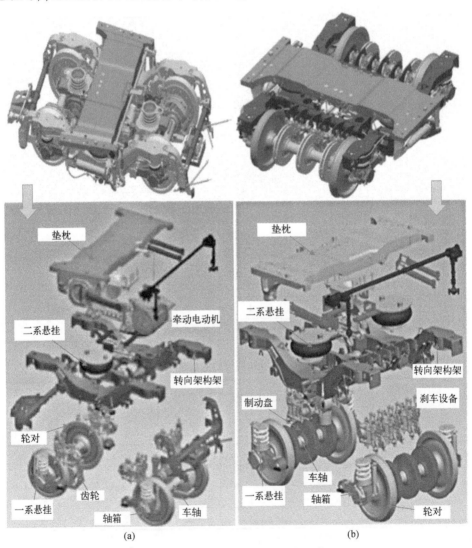

图 5-4　CRH3 高速列车转向架系统

构架是转向架其他各零部件的安装基础。转向架构架将来自车体对的静态和动态载荷传递给轮对;同时,转向架构架也用来吸收在行驶过程中轮对导向所产生的牵引力和制动力。

轮对的作用是将车辆的重量传递到轨道上,在运行过程中,轮对为车辆在轨道上行驶提供导向,以及将驱动力和制动力传递到轨道上。

中央牵引单元包括牵引电机、齿轮箱和连轴节等零部件,将牵引电机的扭矩传递给轮对,利用轮轨的黏着机理,驱使车辆运行。

一系悬挂装置设在构架与轮对之间,用来减缓和吸收在行驶过程中作用在轮对轴箱上的垂向力。

二系悬挂装置设在构架与车体之间,以提供较好的乘坐舒适度。二系悬挂包括垂向和横向悬挂,垂向悬挂由空气弹簧实现,横向悬挂装置包括横向减振器和横向缓冲器。

基础制动单元主要包括制动缸、制动夹钳、闸片组成等零部件,是将列车的动能消耗掉以阻止列车继续前进的装置。目前,已从最早的闸瓦踏面制动形式发展成轮盘制动和轴盘制动。

转向架包括承重、传力、缓冲和导向作用[34],实现列车牵引、制动、缓和轨道线路冲击、引导列车通过曲线和道岔。

5.5 转向架系统可靠性分析

5.5.1 转向架系统网络建模

为了简化网络模型,本节重点考虑转向架系统中的主要机械部件进行网络建模。转向架在运行中主要承受3种力:纵向力、横向力和垂向力。

(1) 纵向力主要是机车的牵引力和制动力,其传递途径为:

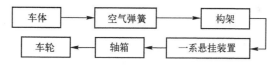

(2) 横向力主要是列车通过曲线时的离心力和横向振动引起的附加力,其传递路径为:

(3) 垂向力是列车自身的重力和列车运行时的垂向振动引起的附加载荷,其传递路径为:

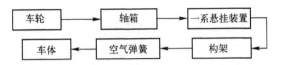

根据转向架系统中力的传递过程(图5-5),以转向架系统零部件为节点,力的传递路径为边,构建转向架系统力传递网络结构为:

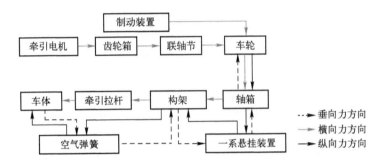

图5-5 转向架系统中力传递路线

基于轨道交通列车力传递网络结构,进行节点与边的对偶拓扑变换,每个节点转化成边,每条边转化成对应节点,从而得到全新的列车转向架系统多态网络结构如图5-6所示,$G=(N,A,\Omega)$,$m=11$,$N=\{s,1,2,3,4,5,6,7,8,9,t\}$,$A=\{a_1,a_2,a_3,a_4,a_5,a_6,a_7,a_8,a_9,a_{10},a_{11},a_{12},a_{13}\}$。

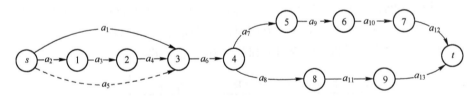

a_1—制动装置;a_2—牵引电机;a_3—齿轮箱;a_4—联轴节;
a_5—轨道;a_6—轮对;a_7—轴箱轴承(承担纵向力和垂向力的传递);
a_8—轴箱轴承(承担横向力的传递);a_9——系悬挂;
a_{10}—构架(承担纵向力和垂向力的传递);a_{11}—构架(承担横向力的传递);
a_{12}—牵引拉杆;a_{13}—二系悬挂;s—源点(虚拟);t—汇点(虚拟);
节点1~9—部件之间的力传递关系。

图5-6 转向架网络结构

根据 4.2.2 节对边上流量的定义,转向架系统存在 3 种力的传递,构架与轴箱轴承所代表的边最大流量为 3,由于轴箱轴承在网络结构中被分为两条边 a_7 和 a_8,其中 a_7 承担纵向力和垂向力,因此该边最大流量为 2;a_8 只承担横向力的传递,最大流量为 1。根据初步的力传递网络结构,构建部件完好状态下的转向架多态网络流模型如图 5-7 所示。

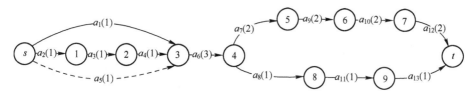

图 5-7 部件完好状态下转向架多态网络流模型

本章重点在于轨道交通列车系统可靠性多态网络流模型的构建,且在第 3 章给出了部件状态评估及其概率计算方法,因此,本节对转向架各部件的状态概率分布进行了假设,为了满足状态流量取整要求及便于计算,将最大流量设计为原值的 10 倍,如表 5-4 所列。

表 5-4 转向架各部件状态流量及其概率分布

边	状态流量				对应概率分布			
a_1	0	4	7	10	0.05	0.10	0.25	0.60
a_2	0	5	10	—	0.10	0.30	0.60	—
a_3	0	3	7	10	0.05	0.10	0.20	0.65
a_4	0	10	—	—	0.10	0.90	—	—
a_5	0	10	—	—	0	1	—	—
a_6	0	18	24	30	0.05	0.25	0.50	0.20
a_7	0	10	16	20	0.10	0.20	0.25	0.45
a_8	0	5	8	10	0.10	0.20	0.25	0.45
a_9	0	12	17	20	0.05	0.05	0.15	0.75
a_{10}	0	16	20	—	0.10	0.20	0.70	—
a_{11}	0	8	10	—	0.10	0.20	0.70	—
a_{12}	0	9	15	20	0.05	0.10	0.15	0.70
a_{13}	0	4	7	10	0.05	0.15	0.35	0.45

5.5.2 网络模型求解

单源单汇多态网络流模型可靠性求解是典型的 NP 难问题[35],目前已经有多种求解方法[36-39],其中应用最广泛的是两阶段最小路算法[40-41,24]。两阶段最小路算法首先搜索所有的最小路径向量,再根据容斥算法原理计算这些向量的联合概率,从而得到单源单汇多态网络流模型的可靠度[41]。本节采用了白光晗等[42]提出的基于广度优先的递归搜索算法和改进的回溯算法,搜寻所有可能的 d 流量最小路径(d-MP)[43],之后采用启发式排序算法计算网络可靠性[44]。

根据本网络模型基本结构,边 a_6 是网络结构的瓶颈边,网络可视为串联的 3 个单源单汇子网络,如图 5-8 所示。因此,为了减少 d-MP 搜索次数,转向架多态网络流模型的可靠度计算分为 3 部分,网络整体可靠度为 3 个子网络模型对应 d 流量可靠度的乘积。

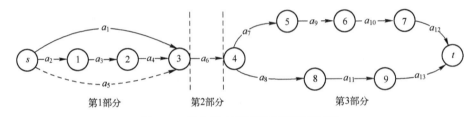

图 5-8 转向架多态网络流模型子网络

以第 1 部分子网络为例,计算网络可靠度。

步骤 1:首先搜索所有 d-MP 可行向量:

(1) 搜索输入第 1 部分子网络所有的最小流路径,记为

$$MP_1=(1,0,0,0,0), MP_2=(0,1,1,1,0), MP_3=(0,0,0,0,1)$$

输入网络最大流向量 $X_{\text{Max}}=(10,10,10,10,10)$,检查最大流向量中是否存在环,如不存在,设置 $d=1$;若存在环,请参考文献[42]进行计算。本子网络中不在环,因此不用考虑。

(2) 令 $d=d+1$,将所有最小流路径 $MP(MP_1,MP_2,MP_3)$ 加至每个 1-MP 路径向量上,得到 2-MP 候选向量,如下所示。

对于 MP_1,将 MP_1、MP_2 和 MP_3 分别与其相加,得到如下 2-MP 候选向量,记为

$$\overline{X_{11}}^2 = MP_1+MP_1=(2,0,0,0,0)$$
$$\overline{X_{21}}^2 = MP_1+MP_2=(1,1,1,1,0)$$
$$\overline{X_{31}}^2 = MP_1+MP_3=(1,0,0,0,1)$$

同理,由 MP_2 和 MP_3 计算得到的 2-MP 候选向量:

$$\overline{X_{22}}^2 = MP_2+MP_2=(0,2,2,2,0)$$

$$\overline{X_{32}}^2 = MP_2 + MP_3 = (0,1,1,1,1)$$
$$\overline{X_{33}}^2 = MP_3 + MP_3 = (0,0,0,0,2)$$

(3) 确认所有满足约束条件的 2-MP 可行向量。

对于 $\overline{X_{11}}^2$,由于 $\overline{X_{11}}^2 < X_{\text{Max}}$,因此 $\overline{X_{11}}^2$ 是 2-MP 可行向量;同理可得,$\overline{X_{21}}^2$、$\overline{X_{31}}^2$、$\overline{X_{22}}^2$、$\overline{X_{32}}^2$、$\overline{X_{33}}^2$ 均为 2-MP 可行向量。

(4) 检查所得可行向量是否存在冗余,并将冗余向量进行删除。

对于步骤(3)所得的所有 2-MP 可行向量,不存在冗余,因此,第 1 部分子网络 2-MP 的可行向量为

$$\overline{X_{11}}^2 = (2,0,0,0,0)$$
$$\overline{X_{21}}^2 = (1,1,1,1,0)$$
$$\overline{X_{31}}^2 = (1,0,0,0,1)$$
$$\overline{X_{22}}^2 = (0,2,2,2,0)$$
$$\overline{X_{32}}^2 = (0,1,1,1,1)$$
$$\overline{X_{33}}^2 = (0,0,0,0,2)$$

(5) 重复步骤(3)、(4),进一步搜索 $d=d+1$ 的所有 d-MP 候选向量,直到无可行 d-MP 向量停止。将所有最小流路径 MP(MP_1, MP_2, MP_3)分别与上一步得到的 d-MP 可行向量相加,得到所有 $(d+1)$-MP 候选向量,并删除其中的冗余向量,得到所有 $(d+1)$-MP 可行向量。

步骤 2:基于 RSDP(recursive sum of disjoint products)[41] 和启发式排序算法[44],计算所有 d-MP 可行向量的联合概率值。

定义 1:最大状态向量定义为

$$\mathbf{ZH}^1 = z^1 \oplus z^2 \oplus, \cdots, \oplus z^L \qquad (5-1)$$

式中:$z^1, z^2, \cdots, z^L$ 为步骤 1 中得到的 L 个 d-MP;$\oplus$ 为文献[41]定义的相同极大算子。

定义 2:设 N_k 为第 k 大的状态向量 d-MP 的元素数量,则 N_k 为该第 k 大的状态向量 d-MP 的长度。

启发式排序算法是基数排序和字典排序的综合排序方法,其中基数排序是指在定义 2 下 d-MP 的长度,字典排序是指对不同状态向量的排序。

(1) 先验排序 O1。

对于第 1 部分子网络的所有 3-MP 可行向量,记为
$z^1 = (3,0,0,0,0), z^2 = (2,1,1,1,0), z^3 = (2,0,0,0,1), z^4 = (1,2,2,2,0),$
$z^5 = (1,1,1,1,1), z^6 = (1,0,0,0,2), z^7 = (0,3,3,3,0), z^8 = (0,2,2,2,1),$
$z^9 = (0,1,1,1,2), z^{10} = (0,0,0,0,3)$

此时,最大状态向量为 $\mathbf{ZH}^1 = (3,3,3,3,3)$,即在 3-MP 条件下,$a_1$、$a_2$、$a_3$、$a_4$、$a_5$ 的最大状态流量为 3;同理,在 3-MP 条件下,次大状态向量为 $\mathbf{ZH}^2 = (2,2,$

2,2,2),即 a_1、a_2、a_3、a_4、a_5 的次大状态流量为2,最小状态向量为 $\mathbf{ZH}^3 = (1,1,1,1,1)$。

基于定义2,每个3-MP可行向量对所有状态向量的长度如表5-5所列。

表5-5 基于O1的排序顺序

最终排序	d-MP	边上流量值					对 $\mathbf{ZH}^1$ 的长度	对 $\mathbf{ZH}^2$ 的长度	对 $\mathbf{ZH}^3$ 的长度
1	z^5	1	1	1	1	1	0	0	5
2	z^3	2	0	0	0	1	0	1	1
3	z^6	1	0	0	0	2	0	1	1
4	z^2	2	1	1	1	0	0	1	3
5	z^9	0	1	1	1	2	0	1	3
6	z^4	1	2	2	2	0	0	3	1
7	z^8	0	2	2	2	1	0	3	1
8	z^1	3	0	0	0	0	1	0	0
9	z^{10}	0	0	0	0	3	1	0	0
10	z^7	0	3	3	3	0	3	0	0

(2) 先验排序O2。

定义3:d-MP 的长度为其逻辑特征向量要素之和。

对于所有3-MP可行向量:

$z^1 = (3,0,0,0,0)$,$z^2 = (2,1,1,1,0)$,$z^3 = (2,0,0,0,1)$,$z^4 = (1,2,2,2,0)$,
$z^5 = (1,1,1,1,1)$,$z^6 = (1,0,0,0,2)$,$z^7 = (0,3,3,3,0)$,$z^8 = (0,2,2,2,1)$,
$z^9 = (0,1,1,1,2)$,$z^{10} = (0,0,0,0,3)$

其对应的逻辑等价向量分别为

$\bar{z}^1 = (2,0,0,0,0)$,$\bar{z}^2 = (1,1,1,1,0)$,$\bar{z}^3 = (1,0,0,0,1)$,$\bar{z}^4 = (1,2,2,2,0)$,
$\bar{z}^5 = (1,1,1,1,1)$,$\bar{z}^6 = (1,0,0,0,2)$,$\bar{z}^7 = (1,3,3,3,0)$,$\bar{z}^8 = (1,2,2,2,1)$,
$\bar{z}^9 = (1,1,1,1,2)$,$\bar{z}^{10} = (1,0,0,0,3)$

则 $z^1, z^2, \cdots, z^{10}$ 的长度分别为 2、4、2、7、5、3、10、8、6、4。

(3) 先验排序O3。

在先验排序O3中,除了根据 d-MP 的长度排序外,不同 d-MP 之间的关系和相似性也将考虑在内。相似的 d-MP 更靠近,可预见到该方式可简化很多步骤。排序O4受文献[45]启发,二进位MP与排序之间的相对补码概念方法见文献[45]。通过扩展文献[44]中的针对多态网络的互补网络概念,定义了两个 d-MP z^i 和 z^j 之间的相对差异性:

$$|\bar{z}^i - \bar{z}^j| = \sum_{k=1}^{n} \{\bar{x}_i^k - \bar{x}_j^k \mid \bar{x}_i^k > \bar{x}_j^k\} |\bar{z}^i - \bar{z}^j| = \sum_{k=1}^{n} \{\bar{x}_i^k - \bar{x}_j^k \mid \bar{x}_i^k > \bar{x}_j^k\} \quad (5-2)$$

式中：$\bar{z}^i$ 和 $\bar{z}^j$ 分别为 z^i 和 z^j 的逻辑等价向量。

在本文例子中 $L=10$，$d\text{-MP}_{10}$ 是 z^7，$d\text{-MP}_9$ 被选定，则 $|\bar{z}^{L-1}-\bar{z}^L|/|z^L|$ 最大，其中 z_L 为 z^7。所得值如表 5-6 所列，z^8 被选定排序在 z^7 向量 $d\text{-MP}_9$。

表 5-6 基于 O2 的排序结果

最终排序	d-MP	边上流量值					定义 2 长度
1	z^1	3	0	0	0	0	2
2	z^3	2	0	0	0	1	2
3	z^6	1	0	0	0	2	3
4	z^2	2	1	1	1	0	4
5	z^{10}	0	0	0	0	3	4
6	z^5	1	1	1	1	1	5
7	z^9	0	1	1	1	2	6
8	z^4	1	2	2	2	0	7
9	z^8	0	2	2	2	1	8
10	z^7	0	3	3	3	0	10

给出 $d\text{-MP}_{10}$ 和 $d\text{-MP}_9$、$d\text{-MP}_8$ 被选定，因此 $\sum_{k=0}^{j-1}|\bar{z}^{L-j}-\bar{z}^{L-k}|/|z^{L-k}|$，$j=2$ 最大。得到结果如表 5-7 所列，z^{10} 被选定为 $d\text{-MP}_8$，并置于 z^7 之前。

表 5-7 $d\text{-MP}_9$ 后的排序结果

最终排序	d-MP	边上流量值					定义 2 长度
1	z^1	3	0	0	0	0	3/10
2	z^3	2	0	0	0	1	3/10
3	z^6	1	0	0	0	2	3/10
4	z^2	2	1	1	1	0	2/10
5	z^{10}	0	0	0	0	3	3/10
6	z^5	1	1	1	1	1	2/10
7	z^9	0	1	1	1	2	2/10
8	z^4	1	2	2	2	0	1/10
9	z^8	0	2	2	2	1	1/10
10	z^7	0	3	3	3	0	—

同理,给定 $d\text{-MP}_{10}$、$d\text{-MP}_9$、$d\text{-MP}_8$ 后,$d\text{-MP}_7$ 被选定,$\sum_{k=0}^{j-1}|\bar{z}^{L-j}-\bar{z}^{L-k}|/|\bar{z}^{L-k}|$ 在 $j=3$ 时为最大值。排序结果如表 5-8 所列,z^4 被选为 $d\text{-MP}_7$ 并置于 z^{10} 之前。

表 5-8 $d\text{-MP}_8$ 选定后的排序结果

最终排序	d-MP	边上流量值					定义2长度
1	z^1	3	0	0	0	0	6/10
2	z^3	2	0	0	0	1	5/10
3	z^6	1	0	0	0	2	4/10
4	z^2	2	1	1	1	0	7/10
5	z^{10}	0	0	0	0	3	—
6	z^5	1	1	1	1	1	6/10
7	z^9	0	1	1	1	2	5/10
8	z^4	1	2	2	2	0	8/10
9	z^8	0	2	2	2	1	7/10
10	z^7	0	3	3	3	0	—

给定 $d\text{-MP}_{10}$、$d\text{-MP}_9$、$d\text{-MP}_8$ 和 $d\text{-MP}_7$,$d\text{-MP}_6$ 被选定,因此 $\sum_{k=0}^{j-1}|\bar{z}^{L-j}-\bar{z}^{L-k}|/|\bar{z}^{L-k}|$ 在 $j=4$ 时为最大值。所得结果如表 5-9 所列,z^8 被选定为 $d\text{-MP}_6$ 并置于 z^4 之前。

表 5-9 $d\text{-MP}_7$ 选定后的排序结果

最终排序	d-MP	边上流量值					定义2长度
1	z^1	3	0	0	0	0	8/10
2	z^3	2	0	0	0	1	7/10
3	z^6	1	0	0	0	2	6/10
4	z^2	2	1	1	1	0	8/10
5	z^{10}	0	0	0	0	3	—
6	z^5	1	1	1	1	1	7/10
7	z^9	0	1	1	1	2	7/10
8	z^4	1	2	2	2	0	—
9	z^8	0	2	2	2	1	8/10
10	z^7	0	3	3	3	0	—

后续步骤与之前类似,最终排序结果为 z^6、z^3、z^2、z^5、z^9、z^1、z^8、z^4、z^{10}、z^7。

步骤 3:按照步骤 2 所得顺序,根据不相交乘积的递归和算法(recursive sum of

disjoint products,RSDP)方法[41]计算所有向量的联合概率。

根据以下公式计算联合概率：

$$\Pr(\phi(x) \geq d) \equiv \Pr(\{x \geq z^1\} \cup \{x \geq z^2\} \cup \cdots \cup \{x \geq z^L\}) \equiv \Pr(U_{i=1}^{L} x \geq z^i) \tag{5-3}$$

式中：$z^1, z^2, \cdots, z^L$ 为前面给定的 L 个 d-MP。

假设有 3 个最小路即向量 z^1、z^2 和 z^3，依据 SDP(the sum of disjoint products) 原则[46]：

$$\Pr \cup (z^1, z^2, \cdots, z^L) \equiv \sum_{i=1}^{L} \text{TM}_i \tag{5-4}$$

式中：TM_i 为 SDP(文献[46])算法中的第 i 个元素。

$$\text{TM}_1 = \Pr(x \geq z^1) \tag{5-5}$$

$$\begin{aligned}\text{TM}_i &= \Pr(x \geq z^i) - \Pr(\cup_{j=1}^{i-1} x \geq Y^{j,i}) \\ &= \Pr(x \geq z^i) - \Pr \cup (Y^{1,i}, \cdots, Y^{i-1,i}), \quad i \geq 2 \end{aligned} \tag{5-6}$$

其中 $Y^{j,i} = y^j \oplus y^i$。$Y^{j,i}$ 的长度与 y^j、y^i 相等，并且 $Y^{j,i}$ 的值与部件及其状态相对应。$\Pr \cup (\cdot)$ 函数与 L 个输入向量可通过 $\Pr \cup (\cdot)$ 函数与 $L-1$ 或更少的输入向量计算。边界条件为 $L=1$，在这种情况下：$\Pr \cup (\cdot) = \text{TM}_1 = \Pr(x \geq y^1)$。

$$\begin{aligned}\Pr(\Phi(x) \geq 3) &= \Pr(\{x \geq z^1\} \cup \{x \geq z^2\} \cup \cdots \cup \{x \geq z^{10}\}) \\ &= \text{TM}_1 + \text{TM}_2 + \cdots + \text{TM}_{10}\end{aligned} \tag{5-7}$$

根据步骤 2 所得顺序：

$$\text{TM}_1 = \Pr(x \geq z^6) = 0.95 \times 1 = 0.95$$

$$\text{TM}_2 = \Pr(x \geq z^3) - \Pr(x \geq Y^{6,3})$$

其中 $Y^{6,3} = z^6 \oplus z^3 = (2,0,0,0,2)$，因此 $\text{TM}_2 = 0$。

$$\text{TM}_3 = \Pr(x \geq z^2) - \Pr(\{x \geq Y^{6,2}\} \cup \{x \geq Y^{3,2}\})$$

其中 $Y^{6,2} = z^6 \oplus z^2 = (2,1,1,1,2)$，$Y^{3,2} = z^3 \oplus z^2 = (2,1,1,1,1)$。

由于 $Y^{6,2} \geq Y^{3,2}$，$Y^{6,2}$ 被移除，因此可得

$$\text{TM}_3 = \Pr(x \geq z^2) - \Pr(\{x \geq Y^{3,2}\}) = 0$$

$\text{TM}_4, \text{TM}_5, \cdots, \text{TM}_{10}$ 可由一次计算获得。到目前为止，网络模型的第 1 部分 3-flow 需求的概率计算已经完成，网络模型的第 1 部分其他需求流量和第 2 部分、第 3 部分所有可能需求流量根据上述步骤算得。

5.5.3 结果分析

基于以上步骤，可得在所有子网络不同 d-MP 条件下的可靠度，转向架系统可靠度值为

$$\Pr_{\text{net}}^d = \Pr_1^d \times \Pr_2^d \times \Pr_3^d \tag{5-8}$$

式中：$\Pr_1^d$、$\Pr_2^d$、$\Pr_3^d$ 分别为第 1 部分、第 2 部分和第 3 部分子网络在 d-MP 条件下的可靠度。

当转向架系统所有部件状态均未知时，根据所有零部件的状态流量概率分布及系统网络结构，可得转向架系统处于不同状态的可靠度如表 5-10 所列。

表 5-10 转向架系统状态流量及其对应的可靠度 R

需求流量	1	2	3	4	5	6
R	0.8911012	0.8911012	0.8911012	0.8911012	0.8600548	0.8232590
需求流量	7	8	9	10	11	12
R	0.8232590	0.7669154	0.7306946	0.7138445	0.6383528	0.6383528
需求流量	13	14	15	16	17	18
R	0.6325573	0.6212220	0.5804271	0.5369206	0.4773950	0.3962036
需求流量	19	20	21	22	23	24
R	0.2792655	0.2557102	0.1560475	0.1383053	0.1147509	0.0836373
需求流量	25	26	27	28	29	30
R	0.0156992	0.0084373	0.0063942	0.0019747	0.0009873	0.00098737

对转向架状态流量为 1~4 单位时，其可靠度值保持不变，原因是搜索 d-MP 的增量为 1。以第 1 部分子网络为例，忽略其他可行向量，只考虑 $\{a_1\}$ 一个可行向量，其状态流量概率分布为 (0,0.05)、(4,0.10)、(7,0.25)、(10,0.60)，在求第 1 部分子网络处于状态 8~10 的可靠度时，当且仅当 a_1 状态流量为 10 时满足条件；因此，第 1 部分子网络状态流量为 8~10，第 1 部分子网处于状态 8~10 的可靠度均为 0.60。因此，合并相同概率的状态流量，可得转向架系统分为 24 个状态，每个状态下的状态流量及其可靠度如表 5-11 所列。

在已知某一零部件所处状态时，需重新搜索所有 d-MP，计算得到转向架系统的可靠度。假设已知轮对处于完好状态，即 $a_6=30$ 的概率为 1，转向架系统的可靠度如表 5-12 所列。

表 5-11 转向架每个状态下的状态流量和可靠度

状态	1	2	3	4	5	6
状态流量	4	5	7	8	9	10
可靠度	0.8911012	0.8600548	0.8232590	0.7669154	0.7306946	0.7138445
状态	7	8	9	10	11	12
状态流量	12	13	14	15	16	17
可靠度	0.6383528	0.6325573	0.6212220	0.5804271	0.5369206	0.4773950

续表

状态	13	14	15	16	17	18
状态流量	18	19	20	21	22	23
可靠度	0.3962036	0.2792655	0.2557102	0.1560475	0.1383053	0.1147509
状态	19	20	21	22	23	24
状态流量	24	25	26	27	28	30
可靠度	0.0836373	0.0156992	0.0084373	0.0063942	0.0019747	0.00098737

表 5-12 轮对完好状态条件下的转向架系统的状态流量和可靠度

状态	1	2	3	4	5	6
状态流量	4	5	7	8	9	10
可靠度	0.9380013	0.9053208	0.8665884	0.8072794	0.7691522	0.7514152
状态	7	8	9	10	11	12
状态流量	12	13	14	15	16	17
可靠度	0.6719503	0.6658498	0.6539179	0.6109759	0.7670295	0.6819928
状态	13	14	15	16	17	18
状态流量	18	19	20	21	22	23
可靠度	0.5660052	0.3989507	0.3653003	0.2229249	0.1975791	0.1639299
状态	19	20	21	22	23	24
状态流量	24	25	26	27	28	30
可靠度	0.1194818	0.0784962	0.0421863	0.0319708	0.0098737	0.0049369

对比表 5-11 和表 5-12，在已知轮对完好的条件下，转向架系统各状态的可靠性均有一定程度的提高。有别于传统的系统可靠性评估方法，尤其是目前轨道交通列车系统可靠性评估方法，如故障树、马尔可夫过程、Petri 网、可靠性框图、故障模式影响分析、复杂网络等，只考虑系统结构、忽略部件性能影响，或将系统和部件视为二态模型，基于多态网络流模型的系统可靠性计算方法充分考虑了系统基本拓扑结构、功能结构、部件间作用关系和系统各部件的状态流量及其概率分布，将系统和部件均视为多态退化模型，所得结果具有更高的可信度。该模型可以很好地融合轨道交通列车系统各部件间多种连接关系（信息关系、机械关系、电气关系等），也可在部件经验状态概率分布、实时状态评估概率或预测状态概率分布条件下，获得系统的设计可靠度、实时状态可靠度或预测可靠度。

5.5.4 零部件重要计算

对于实际运营而言，除了准确评估轨道交通列车系统可靠性，为运行调度提供科学结果外,还有必要对当前时刻系统内的薄弱环节,即系统中的重要部件进行重点关注,以提高系统整体可靠性和运营安全性,也为部件修程修制的科学制定提供依据。轨道交通列车各部件的重要度不仅与其在系统中起到的作用相关,还与其自身的状态流量概率分布(部件的可靠度分布)密切相关,需综合考虑两方面因素进行定义。

部件的重要度(importance degree,ID)定义为

$$\text{ID}_{a_i} = \sum c_i \times (1 - p_{c_i}), \quad (c_i \in K_i) \tag{5-9}$$

式中:ID_{a_i}为边a_i所代表的部件的重要度指数;c_i为边a_i的状态流量;p_{c_i}为当边a_i的状态流量为c_i时的概率值。

根据式(5-9)和表5-4,得到转向架系统各部件的重要度,如表5-13所列。转向架系统各部件重要性排序为:轮对>轴箱轴承>一系悬挂>构架>牵引拉杆>二系悬挂>基础制动装置>齿轮箱>牵引电机>联轴节>轨道。

表5-13 转向架系统各部件重要度

边	a_1	a_2	a_3	a_4	a_5	a_6
重要度	12.85	7.50	11.80	1.00	0	49.50
边	a_{AB}	a_9	a_{BF}	a_{12}	a_{13}	
重要度	46.50	30.85	28.20	26.85	13.45	

该重要度计算结果的合理性体现在以下几个方面:

(1) 轨道的重要度为0。因为在本次转向架可靠度计算中,假设轨道处于完好状态。

(2) 轮对是最重要的部件,不仅是因为其在转向架系统模型中需承担的流量最大,还因为在各部件状态流量概率分布中,轮对的可靠度最低。

(3) 轴箱轴承是次重要的部件,轴箱轴承与轮对需承担的流量相同,但其可靠度略高于轮对的可靠度,因此轴箱轴承的重要度略低于轮对的重要度。

(4) 二系悬挂与基础制动装置具有相同的状态流量分布,但二系悬挂对应的可靠度低于基础制动装置的可靠度,因此二系悬挂的重要度要略高于基础制动装置。

5.6 小 结

本章基于多态网络流模型提出了轨道交通列车系统可靠性分析方法,充分考虑了系统结构和部件状态,并在CRH3高速列车转向架系统上进行了实例分析,实现了基于状态信息的轨道交通列车系统多态可靠性评估,与传统方法相比具有更

高的可信度；除此之外，还提出部件重要度评估方法，给出了科学合理的部件重要度排序，为轨道交通列车系统实际运营监测、维护管理及修程修制的制定提供了科学依据。

参考文献

[1] BARLOW R E. Coherent Systems with Multi-State Components[J]. Mathematics of Operations Research,1978,3,275-281.

[2] EL-NEWEIHI E,PROSCHAN F,SETHURAMAN J. Multistate Coherent Systems[J]. Journal of Applied Probability,1978,15,675-688.

[3] ROSS S M. Multivalued State Component Systems[J]. Annals of Probability,1979,7,379-383.

[4] CALDAROLA L. Coherent systems with multistate components[J]. Nuclear Engineering & Design,1980,58,127-139.

[5] WOOD A P. Multistate Block Diagrams and Fault Trees[J]. IEEE Transactions on Reliability,2009,R-34,236-240.

[6] XUE J. On Multistate System Analysis[J]. IEEE Transactions on Reliability,2009,R-34,329-337.

[7] CHANG Y R,AMARI S V,KUO S Y. Reliability evaluation of multi-state systems subject to imperfect coverage using OBDD[Z]. 2002.

[8] LEVITIN G. Block diagram method for analyzing multi-state systems with uncovered failures[J]. Reliability Engineering & System Safety,2007,92,727-734.

[9] SONG X,ZHAI Z,ZHU P,et al. A stochastic approach for evaluating the reliability of multi-stated phased-mission systems with imperfect fault coverage[C]//Proceedings of Prognostics & System Health Management Conference. Harbin,2017.

[10] DING F,HE Z,QI W. A reliability assessment method for traction transformer of high-speed railway considering the load characteristics[C]//Proceedings of Prognostics & Health Management. Austin,2015.

[11] 王华胜,王忆岩,谢川川,等. CRH2 型动车组可靠性建模与分配[J]. 铁道学报,2009,31,108-112.

[12] LIU J,SHI L,YONG J,et al. Reliability evaluating for traction drive system of high-speed electrical multiple units[C]//Proceedings of Transportation Electrification Conference & Expo. Michigan,2013.

[13] 陈一三. 高速列车牵引传动系统可靠性建模及安全评估[C]. 第九届中国智能交通年会. 广州,2014.

[14] 郭磊,王艳辉,祝凌曦. 动车组转向架系统故障模式及影响分析. 铁道机车车辆,2013,33:97-100.

[15] LI Y H,WANG Y D,ZHAO W Z. Bogie failure mode analysis for railway freight car based on FMECA[C]//Proceedings of International Conference on Reliability. Shanghai,2009.

[16] 胡川,姚建伟. 基于故障树—蒙特卡洛方法的动车组可靠性分析[J]. 中国铁道科学,

2012,33:52-59.

[17] CHEN S K,HO T K,MAO B H. Reliability evaluations of railway power supplies by fault-tree analysis[J]. Iet Electric Power Applications,2007,1:161-172.

[18] ZHAO Y X,YANG B,PENG J C,et al. Drawing and Application of Goodman-Smith Diagram for the Design of Railway Vehicle Fatigue Reliability[J]. China Railway Science,2005,26:6-12.

[19] JING L,ASPLUND M,PARIDA A. Reliability Analysis for Degradation of Locomotive Wheels using Parametric Bayesian Approach[J]. Quality & Reliability Engineering International,2014,30:657-667.

[20] 宗刚,张超,王华胜. 基于复杂网络理论的高速列车牵引系统部件可靠性研究[J]. 中国铁道科学,2014,35:94-97.

[21] 秦勇,林帅,李宛疃,等. 高速列车系统安全可靠性分析评估方法研究[J]. 机车电传动,2016,6-13.

[22] 孟苓辉,刘志刚,刁利军,等. 基于Markov模型的高速列车牵引传动系统可靠性评估[J]. 铁道学报,2016,38:23-27.

[23] 赵聪聪. 高速列车传动系统可靠性分析与评估[D]. 长春:吉林大学,2016.

[24] YEH W C. A novel method for the network reliability in terms of capacitated-minimum-paths without knowing minimum-paths in advance[J]. Journal of the Operational Research Society,2005,56:1235-1240.

[25] AHUJA R K,KODIALAM M,MISHRA A K,et al. Computational investigations of maximum flow algorithms[J]. European Journal of Operational Research,1997,97:509-542.

[26] AVEN T. Availability evaluation of oil/gas production and transportation systems[J]. Reliability Engineering,1987,18:35-44.

[27] LIN Y K,YEH C T. Maximal network reliability with optimal transmission line assignment for stochastic electric power networks via genetic algorithms[Z]. 2011.

[28] LIN Y K. System Reliability Evaluation for a Multistate Supply Chain Network With Failure Nodes Using Minimal Paths[J]. IEEE Transactions on Reliability,2009,58:34-40.

[29] WU W W,NING A,NING X X. Evaluation of the reliability of transport networks based on the stochastic flow of moving objects[J]. Reliability Engineering & System Safety,2008,93:838-844.

[30] ZIO E,SANSAVINI G,MAJA R,et al. An analytical approach to the safety of road networks[J]. International Journal of Reliability Quality & Safety Engineering,2008,15:67-76.

[31] LIN Y K,YEH C T. Maximal network reliability for a stochastic power transmission network[J]. Reliability Engineering & System Safety,2011,96:1332-1339.

[32] RAI S,KUMAR A,PRASAD E V. Computing terminal reliability of computer network[J]. Reliability Engineering,1986,16:109-119.

[33] SCHNEIDER K,RAINWATER C,POHL E,et al. Social network analysis via multi-state reliability and conditional influence models[J]. Reliability Engineering & System Safety,2013,109:99-109.

[34] 王伯铭. 高速动车组总体及转向架[M]. 成都:西南交通大学出版社,2014.

[35] BALL M O,COLBOURN C J,PROVAN J S. Network Reliability[J]. Handbooks in Operations Research & Management Science,1992,7:673-762.

[36] JANE C C,LAIH Y W. A Practical Algorithm for Computing Multi-State Two-Terminal Reliability[J]. IEEE Transactions on Reliability,2008,57:295-302.

[37] JANE C C,LAIH Y W. Computing Multi-State Two-Terminal Reliability Through Critical Arc States That Interrupt Demand[J]. IEEE Transactions on Reliability,2010,59:338-345.

[38] ZHANG T,GUO B. Capacitatedstochasticcoloured Petrinet-basedapproachforcomputingtwo-terminalreliabilityofmulti-statenetwork[J]. 系统工程与电子技术(英文版),2012,23:304-313.

[39] RAMIREZ-MARQUEZ J E,COIT D W. A Monte-Carlo simulation approach for approximating multi-state two-terminal reliability[J]. Reliability Engineering & System Safety,2005,87:253-264.

[40] LIN Y K,FIONDELLA L,CHANG P C. Quantifying the impact of correlated failures on system reliability by a simulation approach[J]. Reliability Engineering & System Safety,2013,109:32-40.

[41] ZUO M J,TIAN Z,HUANG H -Z. An efficient method for reliability evaluation of multistate networks given all minimal path vectors[J]. Iie Transactions,2007,39:811-817.

[42] BAI G H,ZUO M J,TIAN Z. Search for all d-MPs for all d levels in multistate two-terminal networks[J]. Reliability Engineering & System Safety,2015,142:300-309.

[43] BAI G,TIAN Z,ZUO M J. An Improved Algorithm for Finding All Minimal Paths in a Network [J]. Reliability Engineering & System Safety,2016,150:1-10.

[44] BAI G,ZUO M J,TIAN Z. Ordering Heuristics for Reliability Evaluation of Multistate Networks [J]. Reliability IEEE Transactions on,2015,64:1015-1023.

[45] RAI S,VEERARAGHAVAN M,TRIVEDI K S. A survey of efficient reliability computation using disjoint products approach[J]. Networks,1995,25:147-163.

[46] KUO W,MING J Z. Optimal Reliability Modeling[M]. New York:John Wiley & Sons,2003.

第6章

轨道交通列车系统多部件状态修优化方法

列车作为轨道交通运营最重要的设备,一旦发生故障,将降低轨道交通系统运营安全性,扰乱正常交通秩序和列车运行计划。因此,列车的良好性能状态是保证城市轨道交通有序运营的关键,列车的及时维修及维护工作尤为重要。随着客运需求的日益上升、列车结构的不断复杂化以及列车运行速度的不断提升,需要列车在更长的时间内保持安全性和可靠性,这给轨道交通列车的维修带来严峻的挑战。

6.1 概 述

从我国各城市轨道交通列车维修方式可知,除了香港地铁致力于状态修,内地地铁以定期修为主。定期修主要是指包括日检、定修和架大修的三级维修制度,是基于浴盆曲线理论确定维修周期长短的计划修策略,能够在一定时间内保证列车运营安全。但这种计划修策略有以下两方面不足:①由于列车安全状态度量不准确导致定期维修周期不合理,存在"维修不足"或"维修过剩"的现象,可能造成设备维修后的性能或状态不及维修前,以及维修成本增高等问题;②定期维修只适用于故障规律符合浴盆曲线的设备。

为避免定期修存在的弊端,一些轨道交通列车实施了在线监测状态修和系统修策略。但在实地调研中,我们了解到监测列车部件状态的传感器一般在列车制造时安装,难以安装在成品列车上;列车部件监测信息由监测系统开发公司进行保密,地铁公司只有数据分析结果,没有原始数据;这些原因导致列车部件监测信息难以获取,列车部件在线监测状态修研究难以进行。此外,由于列车部件间多存在相依性,而系统修策略却没有考虑部件间相依性,从而导致系统修策略维修成本高。

因此,本章的研究目的是全面科学地制定轨道交通列车多部件系统维修策略,探索寻找一种考虑相依性的列车多部件系统状态维修策略优化方法并提出合适的维修策略优化模型,兼顾经济效益的同时保障列车部件的可靠性、可用性和安全性。

为了简明起见,本章的部件为单部件,单部件是承担特定功能的系统最小维修单元,如走行部子系统构成单元。而多部件代表整个大系统或者子系统。设备是单部件和多部件系统的统称。

6.1.1 相关概念

《轨道交通可靠性、可用性、可维修性和安全性规范及示例》中给出了关于可维修性的定义:"在规定的条件下,使用规定的程序和资源进行维修时,对于给定使用条件下的产品在规定的时间区间内,能完成指定的实际维修工作的能力。"[1]具体到这里,可定义如下[2]:

轨道交通列车设备可维修性:轨道交通列车设备依照相关维修规定,按设定的程序和资源实施维修时,一定使用条件下保持和恢复执行规定功能状态的能力。

本书对轨道交通列车设备维修成本、维修策略和维修策略优化定义如下:

轨道交通列车设备维修成本:轨道交通列车设备进行保养、修复、更换等维修活动产生的成本。

轨道交通列车设备维修策略:轨道交通列车设备维修周期、维修方式等维修活动属性信息的合集。

轨道交通列车设备维修策略优化:是指在一定条件限制下,选取某种维修策略使轨道交通列车设备维修成本最小、保障最大化可用性和可靠性的方法。

6.1.2 劣化过程描述模型

目前,状态维修决策的基础是部件的劣化过程描述模型,有基于概率统计理论的劣化过程描述模型和基于随机过程理论的劣化过程描述模型这两类。

1)第一类劣化过程描述模型

第一类劣化过程描述模型是利用概率统计理论,建立设备状态与寿命的关系函数,根据实测数据标定未知参数,然后对维修策略进行优化。比较典型的有时间延迟模型、比例风险模型以及冲击模型。

(1)时间延迟模型[3],使用延迟时间概念建立的模型是先对预防性维修策略中的故障数量与维修间隔之间的关系建模,将其使用在维修成本或停机时间模型中,以优化维修间隔。

(2)比例风险模型[4],比例风险模型是研究失效时间和协变量之间关系模型。

(3)冲击模型[5],基于冲击模型的维修通常是一种与设备工作时间、役龄及监测参数相关的维修。

2)第二类劣化过程描述模型

第二类劣化过程描述模型是基于随机过程的劣化过程模型。设备劣化过程受随机因素的影响,如环境、应力等,是一个随机过程。这类劣化过程描述模型主要通过 Levy 过程和马尔可夫过程进行描述。

(1) Levy 过程。

Levy 过程模型[6]是一大类包含布朗运动、伽马过程、泊松分布在内的具有平稳独立增量的随机过程,可描述设备连续状态空间变化。

(2) 马尔可夫过程。

Levy 过程描述的是连续状态,而马尔可夫过程[7]既可以描述连续状态,也可将设备状态空间离散化。

与第一类基于概率统计理论的劣化过程模型相比,第二类基于随机过程理论的劣化过程模型对状态变化过程的描述比较简单,能够解决复杂维修问题。

在部件劣化过程描述模型方面,列车上应用较多的是比例风险模型和马尔可夫过程。如将转向架各子系统的可靠度和故障率作为协变量进行比例风险模型建模,筛选出显著影响转向架运行安全的协变量,在成本优化的基础上,得出转向架系统视情维修的阈值和控制限[8];基于马尔可夫决策过程描述全寿命周期内列车牵引供电设备的健康状态劣化过程,优化牵引供电设备维修周期和维修费用[9];建立利用马尔可夫过程理论建立地铁列车轮缘厚度和踏面直径磨耗模型,制订合理的镟修策略[10]。本章选择了马尔可夫决策过程作为维修建模理论,因为使用随机过程描述部件劣化过程更符合工程实际,且便于用离散数值描述单部件健康状态。

6.1.3 部件间相依性

多部件维修策略不只是单部件维修策略的简单叠加,实际中多部件之间存在一定的相互作用关系。将部件间相依性分为 3 类:经济相依性、结构相依性和故障相依性[11]。

(1) 经济相依性表示多部件一起维修比单独维修节约成本。

(2) 结构相依性意味着必须更换或至少拆除某些操作组件,然后才能更换或维修故障组件。

(3) 故障相依性指的是某一部件故障会引起其他部件故障。

在部件间相依性应用研究方面,有一些相关学者将部件间相依性应用于轨道列车多部件维修。如利用故障链对动车组部件间故障相依性进行描述,根据故障链建立各部件的可靠度模型,将经济相依性体现在维修成本模型中,优化维修时间和维修成本[12];建立部件间自相关交互性失效(即故障相依性)模型,优化故障小修条件下的预防维修周期[13]。但是,部件间相依性应用于轨道列车多部件维修的研究较少,还有待进一步研究。考虑到列车维修的实际情况,本章 3 种部件间相依性都要研究。

6.1.4 维修效果

目前,大多数维修模型会加入维修效果,一般会假设设备经过维修后会"修复如新"或者"修复如旧",然而这种假设过于理想,现实中设备技术状态经过维修后一般介于"如新"和"如旧"之间;此外,人为失误或维修不当等造成设备维修后劣化。可将维修效果归纳为:修复如新、修复非新、事后小修、维修劣化和维护失效,且不完全维修建模方法分为8种:(p,q)法、(p(t),q(t))法、改善因子法、虚拟年龄法、冲击振动模型法、(α,β)法、复合(p,q)法等[14]。

在维修效果应用研究方面,如引入故障率递增因子和役龄递减因子表达非完美维修对地铁列车轴箱故障率的影响[15]。本章引入维修优化量来描述维修效果。

6.1.5 维修决策变量、目标及优化方法

维修建模的目的是用解析手段或计算机模拟的方法得到不同维修决策变量下的优化目标值。维修决策变量可以包括设备检测时间、维修时间和维修状态阈值等,而优化维修目标包括设备最小故障时间、最小维修费用、最大可靠性或最大可用度等。传统优化算法有:梯度下降法、拉格朗日法等传统最优化方法。近年来应用较多的遗传算法、蚁群算法、粒子群算法等智能优化算法作为实现目标最优化的一种重要决策方法,是设备维护决策中的研究热点,通过这些方法可获得决策目标的静态最优解。针对具体维修决策问题的特性选择合适的优化算法可以收到事半功倍的效果。

在维修决策变量、目标及优化方法方面,本章中维修决策变量为维修周期和维修方式,而优化维修目标为最小单位时间维修费用,维修建模理论选择了马尔可夫决策过程,因此本章目标优化方法采用策略迭代法。

6.2 单部件状态维修策略优化建模

本书提出一种基于故障数据的列车单部件状态维修优化方法,首先根据状态划分方法划分列车单部件状态区域,接着采用考虑随机因素的马尔可夫决策过程描述单部件维修成本决策模型,最后将维修方式和维修周期作为决策变量,建立以单部件长期平均维修成本最小为目标,可靠性、可用性和更换成本为约束的目标函数。主要进行了以下4个方面的研究:

(1) 介绍列车单部件状态维修策略优化模型假设及优化结果形式。

(2) 描述适合列车单部件的健康状态转移过程模型。

(3) 分析列车单部件维修方式的种类、维修周期的范围和维修成本的构成。

(4) 构建列车单部件状态维修策略优化模型。

6.2.1 模型假设及优化结果形式

模型假设是优化模型构建的基础，模型优化结果形式是模型求解结果的具体表现，本节主要作如下介绍。

1) 模型假设

对于列车单部件状态维修策略优化模型的研究对象有如下基本的假设：

(1) 单部件维修活动会导致停机，此时单部件不会继续劣化，但是会造成一定的停机损失。

(2) 小修、状态修、大修所需的维修成本和维修时间依次增加。

(3) 小修可使单部件修复至故障前状态，状态修可使单部件修复至故障前状态与全新状态之间或者全新状态(修复程度取决于维修级别)，大修可使单部件修复至全新状态。

(4) 单部件的状态转移只与现在状态有关，而与单部件在此状态之前的历史无关。

(5) 单部件劣化过程是单向性的，即无人干预时，单部件总是从好的状态往差的状态转移。

(6) 单部件维修活动可以使单部件从差的状态往好的状态转移，但也存在一定风险，可能会从好的状态往差的状态转移。

(7) 单部件检测、试验后可以判断单部件目前的状态。

(8) 单部件状态从全新状态开始，即从可靠性为 1 和可用性为 1 的初始状态开始。

(9) 单部件维修时间作为列车的停机损失时间。

2) 模型优化结果形式

在列车单部件状态一定的情况下，维修决策主要由此状态采取的维修方式和维修周期决定。这两个决定因素就是此状态的维修决策变量，即此状态下列车单部件状态维修策略优化模型的一个决策变量组，该状态下所有可能的决策变量组就是该状态下的列车单部件维修策略集。所有状态下可能的列车单部件维修策略就构成了列车单部件的维修策略集。

一个列车单部件维修策略是由单部件所有状态下的一个决策变量组构成，即列车单部件维修策略优化结果形式，如表6-1所列，假设列车单部件有 N 个状态，单部件状态为 i，维修方式为 $R(i)$，维修周期为 $T(i)(i=1,2,\cdots,N-1,N)$。

表 6-1 列车单部件维修策略优化结果形式

单部件状态	维修方式	维修周期
1	$R(1)$	$T(1)$
2	$R(2)$	$T(2)$
⋮	⋮	⋮
$N-1$	$R(N-1)$	$T(N-1)$
N	$R(N)$	$T(N)$

6.2.2 单部件健康状态转移概率

传统的单部件只有两个状态：功能(工作)状态和非功能(故障)状态。然而，列车单部件实际具有两种以上的状态，应该作为多状态部件进行研究，本书中处理的多状态部件被定义为有限数量的连续状态部件。对列车单部件状态转移过程进行描述的核心在于如何在没有分类标签的情况下对单部件的健康状态进行分类，以及使用什么模型来描述状态的时变特征。本书使用 1~9 级表度法[16]划分列车单部件状态，利用马尔可夫过程[17]描述单部件状态转移过程，利用故障数据分析结果计算单部件状态转移概率。

列车单部件健康状态转移过程模型构建主要有 3 部分内容：马尔可夫决策过程相关理论的介绍、列车单部件健康状态空间的划分以及列车单部件健康状态转移概率的计算。

1) 马尔可夫决策过程

马尔可夫过程[17]是一种随机过程，其发展规律与其历史无关，能够描述单部件各状态之间的相互转移过程。马尔可夫决策过程(Markov decision process, MDP)是一种序贯决策过程，以马尔可夫过程为理论基础，具有动态随机性。

由于列车单部件健康状态的转移存在随机性，而马尔可夫过程能够很好描述状态转移过程的随机性，更加符合工程实际，而且可用离散数值描述单部件健康状态。因此，本书采用马尔可夫决策过程来解决列车单部件状态维修决策问题。

MDP 可用五元组来表示：

$$\{S, A(i), P(R(i)i,j), C(i,R(i),T(i)), V\}$$

五元组中各元素的含义如下：

(1) 状态集 S：列车单部件所有可能出现的状态组成列车单部件的状态集 S，记作 $S\{1,2,\cdots,N-1,N\}$。列车单部件状态数值越高，表示列车单部件状态越差。其中：

① 当列车单部件处于状态 1 时，表示单部件处于全新状态；

② 当列车单部件处于状态 $N-1$ 时，表示单部件处于较差的状态，但仍然可以

继续使用;

③ 当列车单部件处于状态 N 时,表示单部件处于完全失效状态,也就是单部件无法运行。

(2) 行动集 $A(i)$:在某决策点时,列车单部件状态为 i,采取维修方式 $R(i)$ 和维修周期 $T(i)$ 进行修复,所有状态下维修方式与维修周期组成的集合称为行动集。

(3) 状态转移概率 $P(R(i),i,j)$:在某决策点时,列车单部件状态为 i,采取维修方式 $R(i)$,转移到状态 j 的概率。

(4) 成本函数 $C(i,R(i),T(i))$:在某决策点时,列车单部件状态为 i,采取维修方式 $R(i)$ 和维修周期 $T(i)$ 所产生的维修成本。

(5) 目标函数 V:目标函数 V 也是决策准则,对于任意选取的一个可能的维修策略,使马尔可夫决策过程最优,可用总维修成本或长期单位时间维修成本等表示。

2) 健康状态空间划分

常用的多状态划分方法是 1~9 级表度法[16],每个等级包含两层物理含义:"安全性"和"危险度",奇数等级可保证两者的对称性和互补性;把多状态分为 3 个状态时显得太粗泛,分为 9 个状态时又显得很复杂,分为 5 个或 7 个状态时较为合适;但分为 7 个状态时难以均匀划分状态区域;分为 5 个状态时具有良好的整除性,可均匀划分状态区域。因此,最好将列车单部件的健康状态分为 5 个状态。

本书将列车单部件健康状态分值 H 划分为 5 个区域:$[1,0.9)$、$[0.9,0.8)$、$[0.8,0.7)$、$[0.7,0.6)$、$[0.6,0]$,分别表示为"正常运行""轻度失效""中度失效""重度失效""完全失效",并分别记为 $S_1=1$、$S_2=2$、$S_3=3$、$S_4=4$、$S_5=5$,如图 6-1 所示。其中,T_0、T_1、T_2、T_3 分别表示列车单部件的状态维修阈值。健康状态分值 H 可记为 $H\{[1,0.9),[0.9,0.8),[0.8,0.7),[0.7,0.6),[0.6,0]\}$。

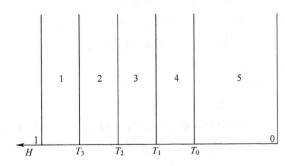

图 6-1 列车单部件的健康状态划分

3) 列车单部件健康状态转移概率计算

列车单部件劣化过程包括突发劣化和自然劣化过程。列车单部件发生故障后,采取恰当的维修策略,可使得单部件功能局部或完全恢复。列车单部件维修优化可以看作是突发劣化的逆过程,维修策略不同维修效果不同,优化(恢复)程度取决于维修级别。考虑维修优化的列车单部件健康状态转移过程如图6-2所示。

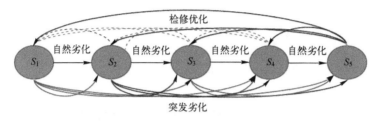

图 6-2 考虑维修优化的列车单部件健康状态转移过程

假设突发劣化过程和自然劣化过程都服从两参数威布尔分布,则可以用总劣化量来表示劣化过程,维修优化效果可度量为维修优化量。设列车单部件初始健康状态分值 H 为 1,在工作时间 t 时刻,单部件的总劣化量为 $Z(t)$,维修优化量为 $Z_R(t)$,则 t 时刻单部件的健康分值为

$$H(t) = 1 - \sum_{t=0}^{t} Z(t) + \sum_{t=0}^{t} Z_R(t) \tag{6-1}$$

该模型可通过分析列车单部件现有的运行数据和维修数据,用统计模型来描述。

列车单部件健康状态的转移过程可通过马尔可夫过程来描述,其转移规律由状态转移概率表示,依据 C-K 方程[18],单部件状态转移概率计算公式如下[19]:

$$\begin{aligned} P(R(i),i,j) &= \int_{i^-}^{i^+} P(j^- \leqslant H(t+\tau) \leqslant j^+ / i^- \leqslant H(t+\tau) \leqslant i^+) \mathrm{d}H \\ &= \sum_{H \in S} \{ [P(H(t) \leqslant H^+) - P(H(t) \leqslant i^-)] \times [P(H(\tau) \leqslant j^+) - P(H(\tau) \leqslant H^-)] \} \end{aligned}$$

(6-2)

式中:$P(R(i),i,j)$ 为采取维修方式 $R(i)$ 时,列车单部件从健康状态 i 转移至 j 的概率($i,j \in H\{[1,0.9],[0.9,0.8],[0.8,0.7],[0.7,0.6],[0.6,0]\}$);$i^+$ 为健康状态值 i 的上限;i^- 为健康状态值 i 的下限;j^+ 为健康状态 j 的上限;j^- 为健康状态 j 的下限;τ 为连续时间的离散化程度;H^+ 为健康状态分值 H 的上限,即 0.6;H^- 为健康状态分值 H 的下限,即 1。

当 $j=5$ 时,则 $P(R(i),i,5)$ 为列车单部件在状态 i 下的完全失效概率。当 $i=5,j=5$ 时,表示列车单部件已经处于完全失效状态,则 $P(R(i),5,5)=1$。计算瞬时状态转移概率时,τ 等于单位时间。所有的状态转移概率构成状态转移概率矩阵,维修方式干涉下的状态转移过程由不同维修方式 $R(i)$ 下的状态转移概率矩阵表示。

假设 $Z(t) \sim W(\beta_1, \eta_1)$,即总劣化量 $Z(t)$ 服从 (β_1, η_1) 的威布尔分布;$Z_R(t) \sim W(\beta_2, \eta_2)$,即维修优化量 $Z_R(t)$ 服从 (β_2, η_2) 的威布尔分布。在计算 $P(H(t) \leqslant H^+)$ 时,把 $H(t) = 1 - \sum_{t=0}^{t} Z(t) + \sum_{t=0}^{t} Z_R(t)$ 代入。$P(H(t) \leqslant H^+)$ 计算[20]结果为

$$P(H(t) \leqslant H^+) = P\left(\left(1 - \sum_{t=0}^{t} Z(t) + \sum_{t=0}^{t} Z_R(t) \leqslant H^+\right)\right)$$

$$= \sum_{k=0}^{1-H^+} P\left(\left(\sum_{t=0}^{t} Z(t) + \sum_{t=0}^{t} Z_R(t)\right) \geqslant 1 - H^+ \mid Z_R(t) = k\right) \times P(Z_R(t) = k)$$

$$= 1 - \sum_{k=0}^{1-H^+} \frac{\beta_1 t}{\eta_1 t} \left(\frac{1 - H^+ - k}{\eta_1 t}\right)^{\beta_1 - 1} \exp\left[-\left(\frac{1 - H^+ - k}{\eta_1 t}\right)^{\beta_1 t}\right] \times \frac{\beta_2 t}{\eta_2 t} \left(\frac{k}{\eta_2 t}\right)^{\beta_2^{t-1}} \exp\left[\left(\frac{k}{\eta_2 t}\right)^{\beta_2 t}\right]$$

(6-3)

6.2.3 单部件维修方式集、维修周期集及维修成本集

列车单部件维修方式集、维修周期集及维修成本集的制订是列车单部件维修成本模型构建的基础,本节通过文献分析和现场调研制订列车单部件维修方式和维修周期可选集,分析维修成本构成并量化。

1) 单部件维修方式和维修周期可选集的制订

轨道交通列车维修模式大致分为日常维护、列检、月检、定修、厂修和架修几种,列车单部件维修周期根据公里数或者运行时间确定。本书将列车单部件维修方式分为小修、一类状态修、二类状态修、大修4种。

(1) 小修:维持单部件正常功能而进行的维修(如清除污秽积垢、调整紧固件等)。

(2) 状态修:根据检测、试验结果判断缺陷部件的状态,进行针对性维修(如探伤、换油、尺寸检查、零部件更换等)。

(3) 大修:达到一定维修条件的单部件,进行更换。

小修、一类状态修和二类状态修属于不完美维修,维修优化程度依次增高。

因此,制订列车所有单部件维修方式可选集 $R = \{$小修、一类状态修、二类状态修、大修$\}$,记为 $R = \{1,2,3,4\}$。

制订列车所有单部件维修周期可选集 $T = \{180$ 天、360 天、540 天、720 天、1080 天$\}$,记为 $T = \{180, 360, 540, 720, 1080\}$(不考虑日检和月检)。

2) 单部件维修成本构成及量化

列车单部件维修成本由直接维修成本、检测试验成本、拆装成本、风险成本 4

部分构成:

(1) 直接维修成本。单部件在状态 i 时,采用维修方式 $R(i)$ 所产生的费用,记作 $C_M(i,R(i))$,与单部件的特征有关,如材料、技术等。

(2) 检测试验成本。检测与试验单部件当前健康状态的成本,记作 C_T。

(3) 拆装成本。包括准备、后勤、拆卸安装成本等,与维修方式有关,记作 C_S。

(4) 风险成本。单部件在状态 i 时,维修策略采用维修方式 $R(i)$、维修周期 $T(i)$ 产生的风险成本,记作 $C_{MV}(i,R(i),T(i))$。

风险成本主要由随机失效维护成本和停机损失成本组成:

(1) 随机失效维护成本。单部件在状态为 i 时,突发劣化故障维修所花费的单位时间维护成本,记作 $\rho(i)$。

(2) 停机损失成本。单部件自然劣化故障维修引起的停机损失成本,记作 C_F。

上述 4 种基本维修成本比较抽象,没有具体化,需对基本维修成本进行分解,使之与现场实际更符合。现对以上几种基本维修成本量化[21]:

(1) 直接维修成本、检测试验成本、拆装成本、随机失效维护成本的量化。

4 种基本维修成本分解结构的成本元素包括工时费和工具物料使用成本:

工时费=单位工作时间成本(元/h)×作业时间(h)×作业人数

工具物料使用成本=平均成本(元)×工具数量+物料价格(元)×使用数量

(2) 停机损失成本的量化。

停机损失成本=单位停运损失成本(元/h)×停运时间(h)

单位停运损失成本=定员载荷×上座率×每公里费用(元/km)×车速(km/h)

6.2.4 单部件维修策略优化模型

本书将列车单部件的维修方式和维修周期作为决策变量,以长期单位时间维修成本最低为目标,将可靠性、可用性和更换成本作为约束,构建列车单部件状态维修策略优化模型。本节列车单部件状态维修策略优化模型的构建主要包括以下 4 个过程:

(1) 列车单部件维修成本模型的构建。

(2) 列车单部件可靠性模型的构建。

(3) 列车单部件可用性模型的构建。

(4) 列车单部件状态维修策略优化目标函数的构建。

1) 单部件维修成本模型

在列车单部件维修成本模型构建之前,先对列车单部件状态转移后的状态停留时间、随机失效维护成本、停机损失成本进行描述。

列车单部件状态停留时间(状态停留时间大于维修间隔时间)可表示为

$$T(i)+t_{R(i)} \tag{6-4}$$

式中:$t_{R(i)}$为列车单部件采取维修方式$R(i)$所需要的维修时间。

列车单部件选择维修方式$R(i)$、维修周期$T(i)$进行维修,单部件从i状态转移到j状态后,产生的随机失效维护成本可表示为

$$\sum_{j=1}^{5} P(R(i),i,j) \times \left[\sum_{k=1}^{5} P(1,j,k) \times (T(i)+t_{R(i)}) \times \rho(i)\right] \tag{6-5}$$

式中:$P(1,j,k)$为列车单部件转移到j状态后,发生突发劣化故障的概率,$j<k$。

列车单部件采用维修方式$R(i)$、维修周期$T(i)$进行维修,单部件从i状态转移到j状态后,导致的停机损失成本可表示为

$$\sum_{j=1}^{5} P(R(i),i,j) \times [P(1,j,5) \times t_{R(i)} \times C_F] \tag{6-6}$$

式中:$P(1,j,5)$为列车单部件转移到j状态后,发生自然劣化故障的概率,$j<5$。

最后,构建集合维修方式、维修周期和基本维修成本的列车单部件维修成本模型,其表达式为

$$\begin{aligned} C_N(i,R(i),T(i)) &= C_M(i,R(i)) + C_T + C_S + C_{MV}(i,R(i),T(i)) \\ &= C_M(i,R(i)) + C_T + C_S + \sum_{j=1}^{5} P(R(i),i,j) \times \\ &\quad \left[\sum_{k=1}^{5} P(1,j,k) \times (T(i)+t_{R(i)}) \times \rho(i)\right] + \\ &\quad \sum_{j=1}^{5} P(R(i),i,j) \times [P(1,j,5) \times t_{R(i)} \times C_F] \end{aligned} \tag{6-7}$$

式中:$C_N(i,R(i),T(i))$为列车单部件状态为i时,选择维修方式$R(i)$、维修周期$T(i)$,方程迭代第N步的阶段总维修成本。

2) 单部件可靠性模型

一旦列车单部件的性能水平低于用户要求的水平,就被视为处于故障状态,单部件性能水平可以纳入维修分析中。因此,列车单部件可靠性可以被度量为概率[22]:

$$R_N(t) = 1 - P(R(i),i,5) \tag{6-8}$$

式中:$R_N(t)$为方程迭代第N次时,列车单部件的可靠度。

此外,$R_N(t) \geq R_0$,R_0为保障列车单部件正常运行的可靠度限值,取$R_0=0.8$。

3) 单部件可用性模型

列车单部件可用度是指单部件不中断运行时间占实际运行时间的比例,可表示为

$$A = 1 - \frac{N_1 \times t_1/3 + N_2 \times t_2 + N_3 \times t_3 + N_4 \times t_4}{\sum T(i) + N_1 \times t_1/3 + N_2 \times t_2 + N_3 \times t_3 + N_4 \times t_4} \tag{6-9}$$

式中:$\sum T(i)$为列车单部件运行时间内的维修周期之和;t_1为列车单部件采取小

修的维修时间;t_2 为列车单部件采取一类状态修的维修时间;t_3 为列车单部件采取二类状态修的维修时间;t_4 为列车单部件采取大修的维修时间;N_1 为迭代截止时的列车单部件采取小修的次数;N_2 为迭代截止时的列车单部件采取一类状态修的次数;N_3 为迭代截止时的列车单部件采取二类状态修的次数;N_4 为迭代截止时的列车单部件采取大修的次数。

此外,$A \geqslant A_0$,A_0 为保障列车单部件正常运行的可用度限值,取 $A_0 = 0.9$。

4) 单部件状态维修策略优化目标函数

基于上述列车单部件维修成本模型,构建基于马尔可夫决策过程的列车单部件状态维修成本决策模型。马尔可夫决策过程可由贝尔曼最优迭代方程[23]表示,列车单部件状态维修成本决策模型或迭代方程可表示为

$$\nu_N(i) + \rho_\pi(T(i) + t_{R(i)}) = C_N(i,R(i),T(i)) + \sum_{j=0}^{5} P(R(i),i,j) \times \nu_{N-1}^*(j)$$

(6-10)

式中:$\nu_N(i)$ 为列车单部件状态为 i,方程迭代至第 N 步时的单部件相对单位时间维修成本;ρ_π 为列车单部件长期单位时间维修成本;$\nu_{N-1}^*(j)$ 为列车单部件状态为 j,方程迭代至第 $N-1$ 步时的单部件相对单位时间维修成本最小值。

此外,列车单部件每次维修成本不高于单部件更换成本,列车单部件更换成本约束可表示为

$$\rho_\pi(T(i) + t_{R(i)}) \leqslant \nu_g \quad (6\text{-}11)$$

式中:ν_g 为列车单部件更换成本。

最后,以列车单部件长期单位时间维修成本 ρ_π 最小为目标,以单部件可靠性、可用性和更换成本为约束,将维修周期和维修方式作为决策变量,搭建列车单部件状态维修策略优化模型:

$$\begin{cases} \nu_N(i) + \rho_\pi(T(i) + t_{R(i)}) = C_N(i,R(i),T(i)) + \sum_{j=1}^{5} P(R(i),i,j) \times \nu_{N-1}^*(j) \\ R_N(t) \geqslant R_0 \\ A \geqslant A_0 \\ \rho_\pi(T(i) + t_{R(i)}) \leqslant \nu_g \end{cases}$$

(6-12)

6.3 多部件状态维修策略优化建模

本节提出了一种考虑相依性的列车多部件系统状态维修优化方法,可应用于存在相依性的列车多部件系统。本章主要进行了以下 7 个方面的研究:

(1) 列车多部件系统状态维修策略优化思路。
(2) 列车多部件系统状态维修策略优化模型假设及优化结果形式。
(3) 列车多部件系统状态转移概率的计算。
(4) 不考虑相依性的多部件维修决策模型的构建。
(5) 部件间相依性建模。
(6) 考虑相依性的多部件维修决策模型的构建。
(7) 多部件系统状态维修策略优化目标函数的构建。

6.3.1 多部件系统状态维修策略优化思路

列车多部件系统状态维修策略优化模型构建过程较为复杂,这里将列车多部件系统维修策略优化分为3个阶段实施[24],如图6-3所示。

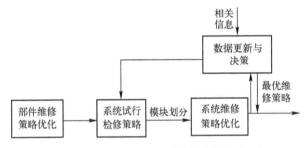

图6-3 列车多部件系统维修策略优化流程图

第一阶段:在列车单部件维修策略优化基础上制订列车多部件系统试行维修策略,此时不考虑部件间相依性,只对各部件的维修成本进行简单累计加和。

第二阶段:在列车多部件系统试行维修策略基础上,考虑经济相依性、结构相依性和故障相依性对维修决策的影响,对存在相依性的列车多部件系统进行维修策略优化。

第三阶段:最后,更新列车多部件系统相关维修信息,得到列车多部件系统最优维修策略。

6.3.2 模型假设及优化结果形式

本节主要做如下介绍:

1) 模型假设

本书对列车多部件系统状态维修策略优化模型的研究对象有如下假设:
(1) 多部件系统中所有部件均从全新状态开始运行,即从可靠性为1和可用性为1的初始状态开始。
(2) 在维修时间点上,多部件系统中所有部件同时检测。

（3）经过多部件系统检测试验，可以准确得知所有部件当前所处的状态，如轴箱轴承状态判断可依靠轴温，轴箱体状态判断可依靠轴箱轴承轴向游隙，轮对状态判断可依靠车轮磨损量等。

（4）多部件系统中所有部件结构上为串联关系。

2）模型优化结果形式

列车多部件系统状态是由组成多部件系统的多个部件状态组合构成。在列车多部件系统状态一定的情况下，维修决策主要由此状态下所有部件采取的维修方式和维修周期决定。列车多部件系统维修策略优化结果形式，如表6-2所列。

表6-2 列车多部件系统维修策略优化结果形式

系统状态	部件1 (状态,维修方式)	部件2 (状态,维修方式)	…	部件M-1 (状态,维修方式)	部件M (状态,维修方式)	维修周期
1	$(i_1(1), R_1(1))$	$(i_2(1), R_2(1))$	…	$(i_{M-1}(1), R_{M-1}(1))$	$(i_M(1), R_M(1))$	$T(1)$
2	$(i_1(2), R_1(2))$	$(i_2(2), R_2(2))$	…	$(i_{M-1}(2), R_{M-1}(2))$	$(i_M(2), R_M(2))$	$T(2)$
⋮	⋮	⋮	⋮	⋮	⋮	⋮
$m-1$	$(i_1(m-1), R_1(m-1))$	$(i_2(m-1), R_2(m-1))$	…	$(i_{M-1}(m-1), R_{M-1}(m-1))$	$(i_M(m-1), R_M(m-1))$	$T(m-1)$
m	$(i_1(m), R(m))$	$(i_2(m), R_2(m))$	…	$(i_{M-1}(m), R_{M-1}(m))$	$(i_M(m), R_M(m))$	$T(m)$

本书假设列车多部件系统有M个部件，多部件系统状态数目为m，每个部件有5个状态，那么多部件系统状态数目为5^M，即$m=5^M$。当列车多部件系统状态为l时，部件n_1状态为$i_{n_1}(l)$，维修方式为$R_{n_i}(l)$，维修周期为$T(l)$（$n_1=1,2,\cdots,M$；$l=1,2,\cdots,m$）。

6.3.3 多部件系统状态转移概率计算

在列车多部件系统的检测时间点上，经过多部件系统检测试验，可以准确得知列车所有部件当前所处的状态，所有部件的状态组成了多部件系统状态，多部件系统状态可表示为状态数组$[M_1,M_2,\cdots,M_M]$（$M_1,M_2,\cdots,M_M$分别表示部件$1,2,\cdots,M$的状态），相互交叉的各部件状态阈值，划分出多部件系统状态空间，空间不同区域对应不同的状态数组。

设部件n_1采取维修方式$R(i)$，从状态i转移到状态j概率为$\mathrm{dy}[n_1,R(i)][i\cdot N+j]$，（$n_1=1,2,\cdots,M$，$M$为部件数目；$i,j=1,2,\cdots,N$，$N$为部件状态数目），即部件状态转移概率存放在数组$\mathrm{dy}[n_1,R(i)][i^*N+i]$[25]。

将列车多部件系统状态数组$[M_1,M_2,\cdots,M_M]$存放在$\mathrm{xt\_zt}[l_1^*M+n_1]$（$l_1=1,2,\cdots,m$；$m$为多部件系统状态数组数目，$m=N^M$；$n_1=1,2,\cdots,M$；$M$为部件数目）[25]。

部件状态转移概率与多部件系统状态数组是多部件系统状态转移概率计算的基础。多部件系统状态转移概率数组 $xt[l^*m+n]$ 存储着多部件系统从状态 l 向状态 n 转移的概率($l,n=1,2,\cdots,m;m$ 为多部件系统状态数组数目)。$xt[l^*m+n]$ 具体计算步骤如下[25]:

(1) 从 $l=1$ 和 $n=1$ 开始,取出多部件系统状态转移概率数组的一个元素 $xt[l^*m+n]$。

(2) 在相应的多部件系统状态数组 $xt\_zt[l_1^*M+n_1]$ 中,取出第 l 行和第 n 行,即 $xt\_zt[l^*M+n_1]$ 和 $xt\_zt[n^*M+n_1]$。

(3) $l \neq n$ 时,多部件系统从状态 l 向状态 n 转移的概率计算公式为

$$xt[l^*m+n] = \prod_{n_1=1}^{M} dy[n_1, R(i)][xt\_zt[l^*M+n_1]^*N + xt\_zt[n^*M+n_1]]$$

式中: $0 < dy[n_1, R(i)][xt\_zt[l^*M+n_1]^*N + xt\_zt[n^*M+n_1]] < 1$,且多部件系统状态 $xt\_zt[l^*M+n_1]$ 和 $xt\_zt[n^*M+n_1]$ 中有两个或者两个以上部件的状态相异时,多部件系统从状态 l 向状态 n 转移的概率为 0,即假设部件之间不能同时进行状态转移。

(4) $l=n$ 时,多部件系统从状态 l 向状态 n 转移的概率计算公式为

$$xt[l^*m+l] = 1 - \sum_{n=1, m \neq l}^{m} xt[l^*m+n] \quad (6-13)$$

(5) $l=1,2,\cdots,m$,重复步骤(1)~(4),得到多部件系统状态转移概率矩阵:

$$\begin{array}{c} \quad xt\_zt[1^*M+n_1] \quad xt\_zt[2^*M+n_1] \quad \cdots \quad xt\_zt[m^*M+n_1] \\ \begin{array}{c} xt\_zt[1^*M+n_1] \\ xt\_zt[2^*M+n_1] \\ \vdots \\ xt\_zt[m^*M+n_1] \end{array} \begin{bmatrix} xt[1^*m+1] & xt[1^*m+2] & \cdots & xt[1^*m+m] \\ xt[2^*m+1] & xt[2^*m+2] & \cdots & xt[2^*m+m] \\ \vdots & \vdots & \vdots & \vdots \\ xt[m^*m+1] & xt[m^*m+2] & \cdots & xt[m^*m+m] \end{bmatrix} \end{array} \quad (6-14)$$

当列车多部件系统状态为 l 时,部件 n_1 的状态为 i;当列车多部件系统状态为 n 时,部件 n_1 的状态为 j,部件 n_1 采用维修方式 $R(i)$ 时从状态 i 转移到状态 j 的概率为 $P^{(n_1)}(R(i),i,j)$。此时,部件 n_1 的状态 i 也可表示为 $xt\_zt[l^*M+n_1]$,部件 n_1 的状态 j 表示为 $xt\_zt[n^*M+n_1]$,部件 n_1 采用维修方式 $R(i)$ 时从状态 i 转移到状态 j 的概率 $P^{(n_1)}(R(i),i,j)$ 也可表示为 $dy[n_1, R(i)][xt\_zt[l^*M+n_1]^*N + xt\_zt[n^*M+n_1]]$,多部件系统状态转移概率为 $xt[l^*m+n]$。

6.3.4 不考虑相依性的多部件维修决策模型

根据贝尔曼最优迭代方程[23],推导出列车多部件系统状态维修成本决策模型或迭代方程:

$$\nu_N(l) + \rho_{\pi\text{系}}(T(l) + t_N) = C_N(l) + \sum_{n=1}^{5M} \text{xt}[l^*m + n] \times \nu_{N-1}^*(n) \quad (6\text{-}15)$$

式中：$\nu_N(l)$ 为列车多部件系统状态为 l，方程迭代至第 N 次的系统相对单位时间维修成本；$\rho_{\pi\text{系}}$ 为列车多部件系统长期单位时间维修成本；$T(l)$ 为列车多部件系统状态为 l 时的系统维修周期，也是从维修周期集 $T=\{180,360,540,720,1080\}$ 里选择，部件维修周期与列车多部件系统维修周期一致；t_N 为方程迭代至第 N 次的列车多部件系统维修时间，是方程迭代至第 N 次时所有部件维修时间之和；$C_N(l)$ 为列车多部件系统状态为 l，方程迭代至第 N 次的阶段总维修成本；$\nu_{N-1}^*(n)$ 为列车多部件系统状态为 n，方程迭代至第 $N-1$ 步的系统相对时间单位成本最小值。

不考虑相依性的列车多部件系统试行维修策略成本模型，只是对各个部件的维修成本进行简单累加，所以有

$$C_N(l) = \sum_{n_1=1}^{M} C_N^{(n_1)}(i, R(i), T(l)) \quad (6\text{-}16)$$

式中：$C_N^{(n_1)}(i, R(i), T(l))$ 为列车多部件系统状态为 l 时，部件 n_1 的状态为 i，选择维修方式 $R(i)$，维修周期 $T(l)$，方程迭代至第 N 步的阶段总维修成本。

$C_N^{(n_1)}(i, R(i), T(l))$ 表达式如下：

$$\begin{aligned}
C_N^{(n_1)}(i, R(i), T(l)) &= C_M^{(n_1)}(i, R(i)) + C_T^{(n_1)} + C_S^{(n_1)} + C_{MV}^{(n_1)}(i, R(i), T(l)) \\
&= C_M^{(n_1)}(i, R(i)) + C_T^{(n_1)} + C_S^{(n_1)} + \\
&\quad \sum_{j=1}^{5} P^{(n_1)}(R(i), i, j) \times \left[\sum_{k=1}^{5} P^{(n_1)}(1, j, k) \times (T(l) + t_{R(i)}^{(n_1)}) \times \rho^{(n_1)}(i) \right] + \\
&\quad \sum_{j=1}^{5} P^{(n_1)}(R(i), i, j) \times \left[P^{(n_1)}(1, j, 5) \times t_{R(i)}^{(n_1)} \times C_F \right]
\end{aligned}$$

$$(6\text{-}17)$$

式中：$C_M^{(n_1)}(i, R(i))$ 为部件 n_1 的直接维修成本；$C_T^{(n_1)}$ 为部件 n_1 的检测试验成本；$C_S^{(n_1)}$ 为部件 n_1 的拆装成本；$C_{MV}^{(n_1)}(i, R(i), T(l))$ 为部件 n_1 的风险成本；$\rho^{(n_1)}(i)$ 为部件 n_1 的随机失效维护成本；$t_{R(i)}^{(n_1)}$ 为部件 n_1 采取维修方式 $R(i)$ 所需要的维修时间；$P^{(n_1)}(1, j, k)$ 为部件 n_1 转移至 j 状态后，发生突发劣化故障的概率，$j<k$；$P^{(n_1)}(1, j, 5)$ 为部件 n_1 转移至 j 状态后，发生自然劣化故障的概率，$j<5$。

6.3.5 部件间相依性建模

部件间相依性建模是考虑相依性的列车多部件系统状态维修策略优化的基础。部件间相依性是指部件之间的关联关系（相互作用）引起的维修相依性，包括经济相依性、结构相依性和故障相依性。

由于部件间有相依关系,采用机会成组维修可减少系统维修费用,经济相依性考虑部件间的维修活动重合,考虑拆卸安装费用等。结构相依性考虑多部件系统维修时间以及停机损失的减少。故障相依性考虑部件间故障的相互影响,降低多部件系统状态转移概率。

部件间故障的相互影响示意图可用故障链[26]表示。部件间故障相关的程度称为故障相关系数,本书定义部件间故障相关系数矩阵为

$$\begin{array}{c} & 1 & 2 & \cdots & M \\ \begin{matrix} 1 \\ 2 \\ \vdots \\ M \end{matrix} & \begin{bmatrix} 1 & K_{12} & \cdots & K_{1M} \\ K_{21} & K_{22} & \cdots & K_{2M} \\ \vdots & \vdots & \vdots & \vdots \\ K_{M1} & K_{M2} & \cdots & 1 \end{bmatrix} \end{array} \quad (6-18)$$

式中: $K_{n_1 n_1'}$ 为部件 n_1 故障引起部件 n_1' 故障的概率 (n_1、$n_1' = 1, 2, \cdots, M$)。

$K_{n_1 n_1'}$ 可表示为

$$K_{n_1 n_1'} = \frac{K_{n_1'} \mid n_1}{K_{n_1'}} \quad (6-19)$$

式中: $K_{n_1'}$ 为部件 n_1' 的总故障频次; $K_{n_1'} \mid n_1$ 为部件 n_1 故障时导致部件 n_1' 故障的次数,当数据不足时根据维护经验给出该概率。

6.3.6 考虑相依性的多部件维修决策模型

下面分别研究存在一种相依性、两种相依性和三种相依性情况下列车多部件系统状态维修成本决策模型的调整并介绍对应的维修成本模型。

1) 存在一种相依性

(1) 经济相依性。

本书中考虑经济相依性的列车多部件系统状态维修成本决策模型是对多部件系统试行维修策略成本模型中的拆装成本进行调整,考虑经济相依性的列车多部件系统状态维修成本模型(假设具有经济相依性的部件有 S 个):

$$\begin{aligned} C_N(l) = & \sum_{n_1=1}^{M} C_M^{(n_1)}(i, R(i)) + \sum_{n_1=1}^{M} C_T^{(n_1)} + C_S^S + C_S^{M-S} + \\ & \sum_{n_1=1}^{M} \sum_{j=1}^{5} P^{(n_1)}(R(i), i, j) \times \left[\sum_{k=1}^{5} P^{(n_1)}(1, j, k) \times (T(l) + t_{R(i)}^{(n_1)}) \times \rho^{(n_1)}(i) \right] + \\ & \sum_{n_1=1}^{M} \sum_{j=1}^{5} P^{(n_1)}(R(i), i, j) \times \left[P^{(n_1)}(1, j, 5) \times t_{R(i)}^{(n_1)} \times C_F \right] \end{aligned}$$

$$(6-20)$$

式中:C_S^S 为 S 个存在经济相依性部件的拆装成本,为 S 个部件中拆装成本最大值; C_S^{M-S} 为 $M-S$ 个不存在经济相依性部件的拆装成本,为 $M-S$ 个部件拆装成本之和。

(2) 结构相依性。

本书考虑结构相依性的列车多部件系统状态维修成本决策模型,主要考虑成组维修对多部件系统试行维修策略成本模型中停机成本的减少和多部件系统状态维修成本决策模型中多部件系统维修时间的减少。考虑结构相依性的列车多部件系统状态维修成本模型(假设具有结构相依性的部件有 Q 个):

$$\begin{aligned} C_N(l) = & \sum_{n_1=1}^{M} C_M^{(n_1)}(i,R(i)) + \sum_{n_1=1}^{M} C_T^{(n_1)} + \sum_{n_1=1}^{M} C_S^{(n_1)} + \\ & \sum_{n_1=1}^{M} \sum_{j=1}^{5} P^{(n_1)}(R(i),i,j) \times \left[\sum_{k=1}^{5} P^{(n_1)}(1,j,k) \times (T(l) + t_{R(i)}^{(n_1)}) \times \rho^{(n_1)}(i) \right] + \\ & \sum_{n_3=1}^{M-Q} \sum_{j=1}^{5} P^{(n_3)}(R(i),i,j) \times \left[P^{(n_3)}(1,j,5) \times t_{R(i)}^{(n_3)} \times C_F \right] + \\ & \sum_{n_4=1}^{Q} \sum_{j=1}^{5} \left\{ \prod_{n_5=1}^{Q} P^{(n_5)}(R(i),i,j) \times \left[P^{(n_4)}(1,j,5) \times t_{R(i)\max}^{Q} \times C_F \right] \right\} \end{aligned}$$

(6-21)

式中:$M-Q$ 为不具有结构相依性的部件数目;$t_{R(i)\max}^{Q}$ 为在方程迭代第 N 次时,具有结构相依性的 Q 个部件采取维修方式 $R(i)$ 对应的维修时间最大值;

其中:

$n_1 = 1,2,\cdots,M$,M 为列车多部件系统部件数目;

$n_3 = 1,2,\cdots,M-Q$,表示部件 n_3 属于 $M-Q$;

n_4、$n_5 = 1,2,\cdots,Q$,表示部件 n_4、n_5 属于 Q。

列车多部件系统状态维修成本决策模型的多部件系统维修时间 t_N 调整为不具有结构相依性的 $M-Q$ 部件维修时间之和再加上具有结构相依性的 Q 个部件维修时间最大值 $t_{R(i)\max}^{Q}$。

(3) 故障相依性。

本书故障相依性主要考虑成组维修对列车多部件系统状态维修成本决策模型中多部件系统状态转移概率的调整,考虑故障相依性的列车多部件系统状态维修成本模型(本书考虑故障部件只与一个部件具有故障相依性,与其他部件间故障相依性弱的可不考虑):

$$\begin{aligned} C_N(l) = & \sum_{n_1=1}^{M} C_M^{(n_1)}(i,R(i)) + \sum_{n_1=1}^{M} C_T^{(n_1)} + \sum_{n_1=1}^{M} C_S^{(n_1)} + \\ & \sum_{n_1=1}^{M} \sum_{j=1}^{5} P^{(n_1)}(R(i),i,j) \times \left[\sum_{k=1}^{5} P^{(n_1)}(1,j,k) \times (T(l) + t_{R(i)}^{(n_1)}) \times \rho^{(n_1)}(i) \right] + \end{aligned}$$

$$\sum_{n_1=1}^{M}\sum_{j=1}^{5} P^{(n_1)}(R(i),i,j) \times [P^{(n_1)}(1,j,5) \times t_{R(i)}^{(n_1)} \times C_F] \qquad (6-22)$$

本书用故障链构建故障相依性的关系模型,用故障相关系数构建状态影响矩阵[27](state influence matrix)。设列车多部件系统中部件 n_1 和部件 n_1' 具有故障相依性。将部件 n_1' 故障引起对部件 n_1 故障的状态影响矩阵记为 K_1,那么该状态影响矩阵为一个5行5列的矩阵:

$$K_1 = \begin{bmatrix} 1-K_{n_1'n_1} & 0 & 0 & 0 & K_{n_1'n_1} \\ 0 & 1-K_{n_1'n_1} & 0 & 0 & K_{n_1'n_1} \\ 0 & 0 & 1-K_{n_1'n_1} & 0 & K_{n_1'n_1} \\ 0 & 0 & 0 & 1-K_{n_1'n_1} & K_{n_1'n_1} \\ 0 & 0 & 0 & 0 & 0 \end{bmatrix} \qquad (6-23)$$

当部件 n_1' 故障时,xt_zt$[l^*M+n_1']=5$,可能引起部件 n_1 故障,多部件系统状态转移概率数组 xt$[l^*m+n]$ 部分元素修正为

$$\begin{cases} \text{xt}[l^*m+n] = K_{n_1'n_1} \times \text{dy}[n_1',R(i)][5^*5+\text{xt\_zt}[n^*M+n_1']] \times \\ \text{dy}[n_1,R(i)][5^*5+\text{xt\_zt}[n^*M+n_1]] \times \\ \prod_{n_6}^{M-2} \text{dy}[n_6,R(i)][\text{xt\_zt}[l^*M+n_6]*5+\text{xt\_zt}[n^*M+n_6]], \\ \text{当 xt\_zt}[l^*M+n_1] \neq \text{xt\_zt}[n^*M+n_1] \\ \text{xt}[l^*m+n] = K_{n_1'n_1} \times \text{dy}[n_1',R(i)][5^*5+\text{xt\_zt}[n^*M+n_1']] \times \\ \text{dy}[n_1,R(i)][5^*5+\text{xt\_zt}[n^*M+n_1]] \times \\ \prod_{n_6}^{M-2} \text{dy}[n_6,R(i)][\text{xt\_zt}[l^*M+n_6]*5+\text{xt\_zt}[n^*M+n_6]] + \\ (1-K_{n_1'n_1}) \times \text{dy}[n_1',R(i)][5^*5+\text{xt\_zt}[n^*M+n_1']] \times \\ \prod_{n_6}^{M-2} \text{dy}[n_6,R(i)][\text{xt\_zt}[l^*M+n_6]*5+\text{xt\_zt}[n^*M+n_6]], \\ \text{当 xt\_zt}[l^*M+n_1] = \text{xt\_zt}[n^*M+n_1] \end{cases}$$

$$(6-24)$$

其中:$n_6=1,2,\cdots,M-2$,$M-2$ 表示除部件 n_1 和 n_1' 以外的所有部件。

2)存在两种相依性

(1)经济相依性和结构相依性。

考虑经济相依性和结构相依性的列车多部件系统状态维修成本模型为(假设具有经济相依性的部件有 S 个,具有结构相依性的部件有 Q 个):

$$C_N(l) = \sum_{n_1=1}^{M} C_M^{(n_1)}(i,R(i)) + \sum_{n_1=1}^{M} C_T^{(n_1)} + C_S^S + C_S^{M-S} +$$

$$\sum_{n_1=1}^{M}\sum_{j=1}^{5}P^{(n_1)}(R(i),i,j) \times \left[\sum_{k=1}^{5}P^{(n_1)}(1,j,k) \times (T(l)+t_{R(i)}^{(n_1)}) \times \rho^{(n_1)}(i)\right] +$$

$$\sum_{n_3=1}^{M-Q}\sum_{j=1}^{5}P^{(n_3)}(R(i),i,j) \times \left[P^{(n_3)}(1,j,5) \times t_{R(i)}^{(n_3)} \times C_F\right] +$$

$$\sum_{n_4=1}^{Q}\sum_{j=1}^{5}\left\{\prod_{n_5=1}^{Q}P^{(n_5)}(R(i),i,j) \times \left[P^{(n_4)}(1,j,5) \times t_{R(i)\max}^{Q} \times C_F\right]\right\} \quad (6-25)$$

此外,调整列车多部件系统状态维修成本决策模型的多部件系统维修时间,其调整方法见考虑结构相依性的列车多部件系统状态维修成本决策模型。

(2) 经济相依性和故障相依性。

考虑经济相依性和故障相依性的列车多部件系统状态维修成本模型(假设经济相依性的部件有 S 个)与考虑经济相依性的列车多部件系统状态维修成本模型(6-20)相同。此外,对列车多部件系统状态维修成本决策模型中多部件系统状态转移概率部分元素修正,具体修正方法见式(6-24)。

(3) 结构相依性和故障相依性。

考虑结构相依性和故障相依性的列车多部件系统状态维修成本模型(假设具有结构相依性的部件有 Q 个)与考虑结构相依性的列车多部件系统状态维修成本模型(6-21)相同。此外,对列车多部件系统状态维修成本决策模型的多部件系统维修时间进行调整和系统状态转移概率部分元素进行修正,调整方法见考虑结构相依性的列车多部件系统状态维修成本决策模型,具体修正方法见式(6-24)。

3) 存在 3 种相依性

考虑经济相依性、结构相依性和故障相依性的列车多部件系统状态维修成本模型(假设经济相依性的部件有 S 个,结构相依性的部件有 Q 个)与考虑经济相依性和结构相依性的列车多部件系统状态维修成本模型(6-25)相同。此外,对列车多部件系统状态维修成本决策模型的多部件系统维修时间进行调整和系统状态转移概率部分元素进行修正,调整方法见考虑结构相依性的列车多部件系统状态维修成本决策模型,具体修正方法见式(6-24)。

6.3.7 多部件系统状态维修策略优化目标函数

考虑列车多部件系统中部件间结构关系为串联关系,所以多部件系统的可靠度是系统所有部件的可靠度联合乘积:

$$R_l(t) = \prod_{n_1=1}^{M}(1-\mathrm{dy}[n_1,R(i)][\mathrm{xt\_zt}[l^*M+n_1]^*5+5]) \quad (6-26)$$

式中:$R_l(t)$ 为列车多部件系统状态为 l 时的系统可靠度。

此外,$R_l(t) \geqslant R_{系}$,$R_{系}$ 表示保障列车多部件系统正常运行的可靠度限值,取 $R_{系}=0.8$。

列车多部件系统可用度为多部件系统不中断运行时间占实际运行时间的比例[2]:

$$A_{系} = 1 - \frac{\sum t_N}{\sum T(l) + \sum t_N} \tag{6-27}$$

式中：$\sum T(l)$ 为列车多部件系统运行时间内的维修周期之和；$\sum t_N$ 为列车多部件系统运行时间内的维修时间之和；$A_{系} \geq A_{系0}$，$A_{系0}$ 表示保障列车多部件系统正常运行的可用度限值，取 $A_{系} = 0.9$。

列车多部件系统每次维修时系统维修成本不高于其更换成本，列车多部件系统更换成本约束表示为

$$\rho_{\pi 系}(T(l) + t_N) \leq v_{g 系} \tag{6-28}$$

式中：$v_{g 系}$ 为列车多部件系统更换总成本。

列车多部件系统更换成本约束结合列车多部件系统维修成本决策模型、可靠性模型和可用性模型，得到列车多部件系统状态维修策略优化模型：

$$\begin{cases} v_N(l) + \rho_{\pi 系}(T(l) + t_N) = C_N(l) + \sum_{n=1}^{5M} \text{xt}[l^* m + n] \times v_{N-1}^*(n) \\ R_l(t) \geq R_{系} \\ A_{系} \geq A_{系0} \\ \rho_{\pi 系}(T(l) + t_N) \leq v_{g 系} \end{cases} \tag{6-29}$$

6.4 算　　法

本书状态检修策略优化模型的求解算法采用策略迭代法，求解过程如图6-4所示。具体分以下两种情况：

1) 单部件维修决策优化算法

步骤1：选定初始策略。

列车单部件检修策略 π 包含各状态选择的一种检修方式和检修周期，可表示为 $\pi = \{A(1), A(2), \cdots, A(N-1), A(N)\}$，其中，$A(i)$ 为单部件状态 i 下的检修方式和检修周期组合，$A(i)$ 可表示为 $A(i) = \{R(i), T(i)\}$。所有的列车单部件检修策略 π 构成列车单部件检修策略集，初始策略 π_0 可从列车单部件检修策略集中任意选择一个。

步骤2：计算 ρ_π 和 $v_N(i)$。

令状态1下的列车单部件相对单位时间检修成本为0，即

$$v_N(1) = 0 \tag{6-30}$$

第6章 轨道交通列车系统多部件状态修优化方法

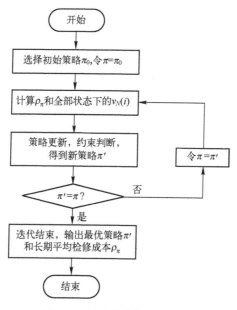

图 6-4 策略迭代算法流程图

求解 5 个状态下的线性方程组,即式(6-10),得到选定策略下的 ρ_π 和 $v_N(i)$。

步骤 3:策略更新。

各个状态采取其他检修周期和检修方式求式(6-31)的值:

$$C_N(i,R(i),T(i)) - \rho_\pi(T(i) + t_{R(i)}) + \sum_{j=1}^{5} P(R(i),i,j) \times v_{N-1}^*(j)$$

(6-31)

将其与步骤 2 选定策略下的值对比,且当列车单部件的可靠度和可用度以及更换成本满足约束条件时,求得使 ρ_π 最小的检修策略 π'。

步骤 4:迭代终止。

当 $\pi' = \pi$,检修策略 π' 即为列车单部件最优检修策略;否则,令 $\pi = \pi'$,重复步骤 2~3,直到 π' 与 π 相同。

步骤 5:在上述操作过程中,加入计数功能。

列车单部件每选择小修,N_1 计一次数;列车单部件每选择一类状态修,N_2 计一次数;列车单部件每选择二类状态修,N_3 计一次数;列车单部件每选择大修,N_4 计一次数。

2) 多部件系统维修决策优化算法

对于列车多部件系统状态检修策略优化模型,应用策略迭代法的过程与列车单部件状态检修策略优化模型求解过程略有不同。

(1) 初始策略不同。

设多部件系统状态 l 下检修策略 $\pi_{\text{系}l} = \{A_1(l), A_2(l), \cdots, A_{M-1}(l), A_M(l)\}$，$A_M(l)$ 为多部件系统状态 l 下部件 M 的检修策略。所有状态下的列车多部件系统检修策略 $\pi_\text{系}$ 构成列车多部件系统检修策略集，初始策略 $\pi_{\text{系}0}$ 可从列车多部件系统检修策略集中任意选择一个。

(2) 目标值不同。

目标值由部件长期单位时间成本 ρ_π 更换为多部件系统长期单位时间成本 $\rho_{\text{系}\pi}$。

(3) 值迭代方程不同。

值迭代方程改为

$$C_N(l) - \rho_{\text{系}\pi}(T(l) + t_N) + \sum_{n=1}^{5M} xt[l^* m + n] \times v_{N-1}^*(n) - v_N(l) \quad (6-32)$$

(4) 约束不同。

约束改为列车多部件系统的可靠度、可用度和更换成本约束。

6.5 实例验证

列车多部件系统状态检修策略优化模型的研究对象选择走行部子系统轮对轴箱装置，轮对轴箱装置主要由轴箱轴承、轴箱体、轮对三种关键部件构成。列车单部件状态检修策略优化模型的研究对象选择轴箱轴承。实例验证分以下三部分内容：

(1) 检修策略优化模型中轴箱轴承、轴箱体、轮对相关参数的确定。

(2) 轴箱轴承最优检修策略结果分析。

(3) 轮对轴箱装置最优检修策略结果分析。

6.5.1 实例描述

根据现场调研资料，对轴箱轴承、轴箱体、轮对部件间的相依性、检修优化分布参数、检修时间、检修成本、寿命以及轮对轴箱装置更换成本进行设定。

(1) 轴箱轴承、轴箱体、轮对部件间的相依性。

经济相依性：三个部件互相具有经济相依性。

结构相依性：轮对检修时需要卸却轴箱体和轴箱轴承，轴箱体检修时需要卸却轴箱轴承，轴箱轴承检修时需要卸却轴箱体，即轮对检修方式 $R=3,4$ 时，考虑轮对与轴箱体、轴箱轴承具有结构相依性；轴箱体检修方式 $R=3,4$ 和轴箱轴承检修方式 $R=3,4$ 时，考虑轴箱体与轴箱轴承具有结构相依性。

故障相依性：轴箱轴承故障可能引起轴箱体故障（如轴承运行条件恶劣，车轴轴向窜动,引起轴箱体端盖受到冲击磨损),轴箱体故障可能引起轮对故障(如轴箱体出现裂纹,引起轮对横向不稳,轮对与轮轨侧向力增大,轮对磨损加速)。用故障链将轴箱轴承、轴箱体、轮对部件间故障相依性描绘出,如图6-5所示。

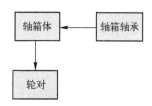

图6-5 轮对轴箱装置关键部件故障链图

(2)模型相关参数的确定。

① 故障劣化分布参数。轴箱轴承、轴箱体、轮对的故障分布参数估计值,如表6-3所列。

表6-3 轴箱轴承、轴箱体、轮对的故障分布参数估计值

部件	形状参数估计值 β_1	尺度参数估计值 η_1
轴箱轴承	6.5	326
轴箱体	7.3	358
轮对	7.1	367

② 检修优化分布参数。假设轴承检修优化分布参数如表6-4所列,轴箱检修优化分布参数如表6-5所列,轮对检修优化分布参数如表6-6所列。

表6-4 轴箱轴承检修优化分布参数

检修方式	检修优化分布参数 β_2	检修分布优化参数 η_2
$R=1$	—	—
$R=2$	1.3	526
$R=3$	2.5	493
$R=4$		

表6-5 轴箱体检修优化分布参数

检修方式	检修优化分布参数 β_2	检修分布优化参数 η_2
$R=1$	—	—
$R=2$	3.8	543
$R=3$	1.7	452
$R=4$		

表6-6 轮对检修优化分布参数

检修方式	检修优化分布参数 β_2	检修分布优化参数 η_2
$R=1$	—	—
$R=2$	3.9	560
$R=3$	4.5	434
$R=4$	—	—

③ 检修时间。轴承、轴箱、轮对不同检修方式下的检修时间如表6-7所列。

表6-7 轴箱轴承、轴箱体、轮对不同检修方式下的检修时间　（单位：h）

检修方式	轴箱轴承	轴箱体	轮对
$R=1$	2	2	4
$R=2$	16	8	16
$R=3$	40	24	48
$R=4$	56	48	56

④ 检修成本。假设轴箱轴承的直接检修成本、检测成本、日常维护成本和拆装成本分别如表(6-8)、表(6-11)、表(6-14)和表(6-17)所列,轴箱的直接检修成本、检测成本、日常维护成本和拆装成本分别如表(6-9)、表(6-12)、表(6-15)和表(6-18)所列,轮对的直接检修成本、检测成本、日常维护成本和拆装成本分别如表(6-10)、表(6-13)、表(6-16)和表(6-19)所列。

表6-8 轴箱轴承直接检修成本　　　　　（单位：元）

项目	$R=1$	$R=2$	$R=3$	$R=4$
$S=1$	120	300	700	8000
$S=2$	120	350	800	8000
$S=3$	120	400	900	8000
$S=4$	120	450	1000	8000
$S=5$	120	500	1100	8000

表6-9 轴箱体直接检修成本　　　　　（单位：元）

项目	$R=1$	$R=2$	$R=3$	$R=4$
$S=1$	150	3000	4000	11080
$S=2$	150	3000	4000	11080
$S=3$	150	4000	5000	11080
$S=4$	150	4000	4500	11080
$S=5$	150	5000	5000	11080

表6-10 轮对直接检修成本 （单位：元）

项　目	$R=1$	$R=2$	$R=3$	$R=4$
$S=1$	110	2000	4000	15367
$S=2$	110	3000	5000	15367
$S=3$	110	3500	6000	15367
$S=4$	110	4000	7000	15367
$S=5$	110	5000	8000	15367

表6-11 轴箱轴承检测成本

项目	$R=1$	$R=2$	$R=30$	$R=4$
检测成本/元	0	100	500	1000

表6-12 轴箱体检测成本

项目	$R=1$	$R=2$	$R=30$	$R=4$
检测成本/元	50	200	400	700

表6-13 轮对检测成本

项目	$R=1$	$R=2$	$R=30$	$R=4$
检测成本/元	50	50	500	500

表6-14 轴箱轴承日常维护成本

项目	$S=1$	$S=2$	$S=3$	$S=4$	$S=5$
日常维护成本/元	50	50	100	150	200

表6-15 轴箱体日常维护成本

项目	$S=1$	$S=2$	$S=3$	$S=4$	$S=5$
日常维护成本/元	50	50	100	150	200

表6-16 轮对日常维护成本

项目	$S=1$	$S=2$	$S=3$	$S=4$	$S=5$
日常维护成本/元	50	50	100	150	200

表6-17 轴箱轴承拆装成本

项目	$R=1$	$R=2$	$R=3$	$R=4$
拆装成本/元	0	0	300	500

表 6-18 轴箱体拆装成本

项目	$R=1$	$R=2$	$R=3$	$R=4$
拆装成本/元	0	0	500	1000

表 6-19 轮对拆装成本

项目	$R=1$	$R=2$	$R=3$	$R=4$
拆装成本/元	0	0	500	1500

（3）将轴箱轴承、轴箱体、轮对分别编号为1,2,3,根据前文数理统计法得到轴箱轴承造成轴箱体故障的概率 K_{12} 为 0.3,轴箱体造成轮对故障的概率 K_{23} 为 0.35。

（4）轴箱轴承寿命设置为 10 年,轴箱体寿命设置为 6 年,轮对寿命设置为 7.5 年。

（5）轴箱轴承更换成本 9000 元,轮对轴箱装置更换成本设置为 40000 元。

6.5.2 轴箱轴承检修策略优化结果分析

将轴箱轴承相关检修数据代入式（6-12）,用 Python 进行编程,迭代时间为 34s,得到轴箱轴承最优检修策略如表 6-20 所列,轴箱轴承的长期平均检修成本为 1.34 元/h。

表 6-20 轴箱轴承最优检修策略

状态 i	1	2	3	4	5
检修方式 R	1	1	2	3	4
检修周期 T	1080	720	720	540	360

由表 6-20 可知:轴箱轴承状态为 1 时,此时状态最好,为正常运行状况,选择最大检修周期 1080 天,检修方式选择小修;轴箱轴承状态为 2 时,此时状态较好,为轻度失效,检修周期选择 720 天,检修方式选择小修,与轴承高可靠性的性质相符合;轴箱轴承状态为 3 时,此时状态开始实质变差,检修周期选择 720 天,检修方式选择一类状态修;轴箱轴承状态为 4 时,此时轴箱轴承性能很差,需要加大检修力度,检修周期选择 540 天,检修方式选择二类状态修;轴箱轴承状态为 5 时,处于"完全失效"状态,选择检修周期 360 天,检修方式选择大修。

列车单部件状态检修策略优化模型中的检修周期和检修方式随单部件的状态变化而变化,与传统固定周期的检修计划最大的不同在于检修周期可变。将检修周期固定,利用列车单部件状态检修策略优化模型算例中相同的轴箱轴承数据进行计算,得到与固定周期下的轴箱轴承长期平均检修成本对比图,如图6-6所示。

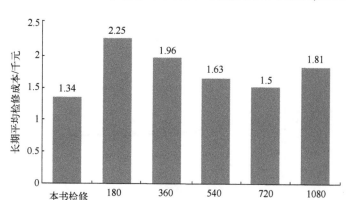

图6-6 与固定检修周期下的轴箱轴承长期平均检修成本对比图

由图6-6可知,与固定检修周期下的轴箱轴承长期平均检修成本对比,本书轴箱轴承最优检修策略下的长期平均检修成本均比5种固定检修周期下的轴箱轴承长期平均检修成本低。因为本书轴箱轴承最优检修策略在轴箱轴承状态较好时,选择较大的检修周期,检修力度较小的检修方式,不会导致"检修过剩";轴箱轴承状态较差时,选择较小的检修周期,检修力度较大的检修方式,不会导致"检修不足"。本书根据上述原理对轴箱轴承检修策略进行优化,于是得到的最优检修策略下的轴箱轴承长期平均检修成本最低。

当轴箱轴承检修周期固定为180天或360天时,检修次数多,而轴箱轴承可靠性高,于是造成轴箱轴承"检修过剩",180天或360天的检修周期适用于性能严重下降的轴箱轴承;当轴箱轴承检修周期固定为1080天时,可能会错过轴箱轴承的检修时机,容易导致轴箱轴承"检修不足",1080天的检修周期适用于可靠性非常高的轴箱轴承;当轴箱轴承检修周期固定为540天或720天时,相比于本书列车单部件状态检修成本模型,两种检修周期下的轴箱轴承风险成本增加,540天或720天的检修周期适用于可靠性较高的轴箱轴承。因此,对于轴箱轴承而言,检修周期随轴箱轴承状态进行调整的状态检修策略更加经济可靠。

6.5.3 轮对轴箱装置检修策略优化结果分析

将轴箱轴承、轴箱体和轮对相关检修数据用于验证考虑相依性的列车多部件系统状态检修策略优化模型,利用Python进行编程,迭代次数55次,每次迭代计算78万次,每次迭代计算时间约为18min,迭代过程如图6-7所示,得到考虑相依性的轮对轴箱装置最优检修策略,如表6-21所列。

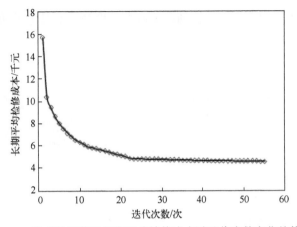

图 6-7 轮对轴箱装置长期平均检修成本随迭代次数变化趋势图

表 6-21 考虑相依性的轮对轴箱装置最优检修策略

多部件系统状态	轴箱轴承 (状态,检修方式)	轴箱体 (状态,检修方式)	轮对 (状态,检修方式)	检修周期/h
1(1,1,1)	(1,1)	(1,1)	(1,1)	720
2(1,1,2)	(1,1)	(1,1)	(2,2)	720
3(1,1,3)	(1,1)	(1,1)	(3,2)	540
4(1,1,4)	(1,1)	(1,1)	(4,3)	360
5(1,1,5)	(1,1)	(1,1)	(5,4)	180
6(1,2,1)	(1,1)	(2,2)	(1,1)	540
7(1,3,1)	(1,1)	(3,3)	(1,1)	360
8(1,4,1)	(1,1)	(4,3)	(1,1)	360
9(1,5,1)	(1,1)	(5,4)	(1,2)	180
10(1,2,2)	(1,1)	(2,2)	(2,2)	540
11(1,2,3)	(1,1)	(2,2)	(3,2)	540
12(1,2,4)	(1,1)	(2,2)	(4,3)	360
13(1,2,5)	(1,1)	(2,2)	(5,4)	360
14(1,3,2)	(1,1)	(3,3)	(2,2)	360
15(1,4,2)	(1,1)	(4,3)	(2,2)	360
16(1,5,2)	(1,1)	(5,4)	(2,3)	180
17(1,3,3)	(1,1)	(3,3)	(3,2)	360
18(1,3,4)	(1,1)	(3,3)	(4,3)	360
19(1,3,5)	(1,1)	(3,3)	(5,3)	360
20(1,4,3)	(1,1)	(4,3)	(3,2)	360

续表

多部件系统状态	轴箱轴承 (状态,检修方式)	轴箱体 (状态,检修方式)	轮对 (状态,检修方式)	检修周期/h
21(1,5,3)	(1,1)	(5,4)	(3,3)	180
22(1,4,4)	(1,1)	(4,3)	(4,3)	360
23(1,4,5)	(1,1)	(4,3)	(5,3)	360
24(1,5,4)	(1,1)	(5,3)	(4,3)	180
25(1,5,5)	(1,1)	(5,4)	(5,4)	180
26(2,1,1)	(2,1)	(1,1)	(1,1)	720
27(2,1,2)	(2,1)	(1,1)	(2,2)	720
28(2,1,3)	(2,1)	(1,1)	(3,2)	540
29(2,1,4)	(2,1)	(1,1)	(4,3)	360
30(2,1,5)	(2,1)	(1,1)	(5,3)	180
31(2,2,1)	(2,1)	(2,2)	(1,1)	540
32(2,3,1)	(2,1)	(3,3)	(1,1)	360
33(2,4,1)	(2,1)	(4,3)	(1,1)	360
34(2,5,1)	(2,1)	(5,4)	(1,2)	180
35(2,2,2)	(2,1)	(2,2)	(2,2)	540
36(2,2,3)	(2,1)	(2,2)	(3,2)	540
37(2,2,4)	(2,1)	(2,2)	(4,3)	360
38(2,2,5)	(2,1)	(2,2)	(5,4)	360
39(2,3,2)	(2,1)	(3,3)	(2,2)	360
40(2,4,2)	(2,1)	(4,3)	(2,2)	360
41(2,5,2)	(2,1)	(5,4)	(2,3)	180
42(2,3,3)	(2,1)	(3,3)	(3,2)	360
43(2,3,4)	(2,1)	(3,3)	(4,3)	360
44(2,3,5)	(2,1)	(3,3)	(5,3)	360
45(2,4,3)	(2,1)	(4,3)	(3,2)	360
46(2,5,3)	(2,1)	(5,4)	(3,3)	180
47(2,4,4)	(2,1)	(4,3)	(4,3)	360
48(2,4,5)	(2,1)	(4,3)	(5,3)	360
49(2,5,4)	(2,1)	(5,3)	(4,3)	180
50(2,5,5)	(2,1)	(5,4)	(5,4)	180
51(3,1,1)	(3,2)	(1,1)	(1,1)	720

续表

多部件系统状态	轴箱轴承 (状态,检修方式)	轴箱体 (状态,检修方式)	轮对 (状态,检修方式)	检修周期/h
52(3,1,2)	(3,2)	(1,1)	(2,2)	720
53(3,1,3)	(3,2)	(1,1)	(3,2)	540
54(3,1,4)	(3,2)	(1,1)	(4,3)	360
55(3,1,5)	(3,2)	(1,1)	(5,4)	180
56(3,2,1)	(3,2)	(2,2)	(1,1)	540
57(3,3,1)	(3,2)	(3,3)	(1,1)	360
58(3,4,1)	(3,2)	(4,3)	(1,1)	360
59(3,5,1)	(3,2)	(5,4)	(1,2)	180
60(3,2,2)	(3,2)	(2,2)	(2,2)	540
61(3,2,3)	(3,2)	(2,2)	(3,2)	540
62(3,2,4)	(3,2)	(2,2)	(4,3)	360
63(3,2,5)	(3,2)	(2,2)	(5,4)	360
64(3,3,2)	(3,2)	(3,3)	(2,2)	360
65(3,4,2)	(3,2)	(4,3)	(2,2)	360
66(3,5,2)	(3,2)	(5,4)	(2,3)	180
67(3,3,3)	(3,2)	(3,3)	(3,2)	360
68(3,3,4)	(3,2)	(3,3)	(4,3)	360
69(3,3,5)	(3,2)	(3,3)	(5,3)	360
70(3,4,3)	(3,2)	(4,3)	(3,2)	360
71(3,5,3)	(3,2)	(5,4)	(3,3)	180
72(3,4,4)	(3,2)	(4,3)	(4,3)	360
73(3,4,5)	(3,2)	(4,3)	(5,3)	360
74(3,5,4)	(3,2)	(5,3)	(4,3)	180
75(3,5,5)	(3,2)	(5,4)	(5,4)	180
76(4,1,1)	(4,3)	(1,1)	(1,1)	540
77(4,1,2)	(4,3)	(1,1)	(2,2)	540
78(4,1,3)	(4,3)	(1,1)	(3,2)	540
79(4,1,4)	(4,3)	(1,1)	(4,3)	360
80(4,1,5)	(4,3)	(1,1)	(5,4)	360
81(4,2,1)	(4,3)	(2,2)	(1,1)	540
82(4,3,1)	(4,3)	(3,3)	(1,1)	360

续表

多部件系统状态	轴箱轴承 (状态,检修方式)	轴箱体 (状态,检修方式)	轮对 (状态,检修方式)	检修周期/h
83(4,4,1)	(4,3)	(4,3)	(1,1)	360
84(4,5,1)	(4,3)	(5,4)	(1,2)	180
85(4,2,2)	(4,3)	(2,2)	(2,2)	540
86(4,2,3)	(4,3)	(2,2)	(3,2)	540
87(4,2,4)	(4,3)	(2,2)	(4,3)	360
88(4,2,5)	(4,3)	(2,2)	(5,4)	360
89(4,3,2)	(4,3)	(3,3)	(2,2)	360
90(4,4,2)	(4,3)	(4,3)	(2,2)	360
91(4,5,2)	(4,3)	(5,4)	(2,3)	180
92(4,3,3)	(4,3)	(3,3)	(3,2)	360
93(4,3,4)	(4,3)	(3,3)	(4,3)	360
94(4,3,5)	(4,3)	(3,3)	(5,3)	180
95(4,4,3)	(4,3)	(4,3)	(3,2)	360
96(4,5,3)	(4,3)	(5,3)	(3,3)	180
97(4,4,4)	(4,3)	(4,3)	(4,3)	360
98(4,4,5)	(4,3)	(4,3)	(5,3)	180
99(4,5,4)	(4,3)	(5,3)	(4,3)	360
100(4,5,5)	(4,3)	(5,3)	(5,4)	180
101(5,1,1)	(5,4)	(1,2)	(1,1)	540
102(5,1,2)	(5,3)	(1,2)	(2,2)	360
103(5,1,3)	(5,3)	(1,2)	(3,2)	360
104(5,1,4)	(5,3)	(1,2)	(4,3)	360
105(5,1,5)	(5,3)	(1,2)	(5,3)	180
106(5,2,1)	(5,3)	(2,3)	(1,1)	360
107(5,3,1)	(5,3)	(3,3)	(1,1)	360
108(5,4,1)	(5,3)	(4,3)	(1,1)	360
109(5,5,1)	(5,3)	(5,4)	(1,2)	180
110(5,2,2)	(5,3)	(2,3)	(2,2)	360
111(5,2,3)	(5,3)	(2,3)	(3,2)	360
112(5,2,4)	(5,3)	(2,3)	(4,3)	360
113(5,2,5)	(5,3)	(2,3)	(5,3)	180

续表

多部件系统状态	轴箱轴承 （状态,检修方式）	轴箱体 （状态,检修方式）	轮对 （状态,检修方式）	检修周期/h
114(5,3,2)	(5,3)	(3,3)	(2,2)	360
115(5,4,2)	(5,3)	(4,3)	(2,2)	360
116(5,5,2)	(5,3)	(5,4)	(2,3)	180
117(5,3,3)	(5,3)	(3,3)	(3,2)	360
118(5,3,4)	(5,3)	(3,3)	(4,3)	360
119(5,3,5)	(5,3)	(3,3)	(5,3)	180
120(5,4,3)	(5,3)	(4,3)	(3,2)	360
121(5,5,3)	(5,3)	(5,4)	(3,3)	180
122(5,4,4)	(5,3)	(4,3)	(4,3)	360
123(5,4,5)	(5,3)	(4,3)	(5,3)	180
124(5,5,4)	(5,3)	(5,4)	(4,3)	180
125(5,5,5)	(5,3)	(5,4)	(5,4)	180

将考虑相依性的轮对轴箱装置最优检修策略模型中的检修周期固定,利用列车多部件系统检修策略最优化模型算例中参数进行计算,得到固定周期下轮对轴箱装置长期运行单位时间成本如图 6-8 所示。

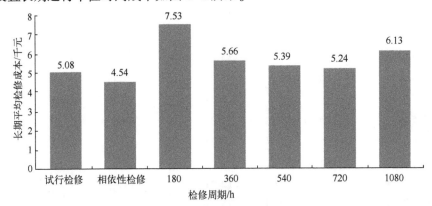

图 6-8 多种检修策略下的轮对轴箱装置长期平均检修成本对比图

由图 6-8 可知,与固定检修周期下的轮对轴箱装置长期平均检修成本对比,试行检修策略下的长期平均检修成本要比 5 种固定检修周期下的长期平均检修成本低。这是因为试行检修策略进行了一次优化:指轮对轴箱装置的部件在部件状态较好时,选择了较大检修周期,检修力度较小的检修方式,不会导致"检修过剩";在部件状态较差时,选择了较小检修周期,检修力度较大的检修方式,不会导致"检修不足",降低了轮对轴箱装置长期平均检修成本。

此外,由图 6-8 也可知,考虑相依性的轮对轴箱装置状态检修策略下的长期平均检修成本为 4.54 元/h,比轮对轴箱装置试行检修策略下的长期平均检修成本低 0.54 元/h。考虑相依性的轮对轴箱装置状态检修策略进行两次优化:第一次优化与试行检修策略的优化相同。第二次优化是考虑了部件间相依性,减少了轮对轴箱装置的拆装成本、检修时间、停机损失成本以及检修次数,从而降低了轮对轴箱装置长期平均检修成本。所以,考虑相依性的轮对轴箱装置状态检修策略下的轮对轴箱装置长期平均检修成本更低。

综上所述,引入相依性的列车多部件系统状态检修策略优化模型更加经济可靠,对轨道交通列车系统检修策略的制订有一定的借鉴意义。

6.6 小　　结

本书从制订有效的检修策略出发,分别建立了列车单部件及多部件系统的状态检修策略优化模型。模型用马尔可夫过程描述单部件及多部件系统的状态转移过程,设置长期平均检修成本最低的目标,以可靠性、可用性和更换成本为约束,优化检修方式和检修周期。多部件系统状态检修策略优化模型构建过程中利用动态数组存储系统状态转移概率,还考虑了部件间相依性。最后将检修策略优化过程转化成马尔可夫决策问题,将轮对轴箱装置作为研究对象,并提供了最优检修策略的求解方法。

参考文献

[1] 中华人民共和国国家质量监督检验检疫总局. 轨道交通可靠性、可用性、可维修性和安全性规范及示例:GB/T 21562—2008[S]. 北京. 中国国家标准化管理委员会,2008.

[2] 李莉洁. 考虑系统组分相互影响的轨道交通列车系统可靠性计算与运维策略优化[D]. 北京:北京交通大学,2017.

[3] CHRISTER A H,WALLER W M. Reducing Production Downtime Using Delay-Time Analysis[J]. The Journal of the Operational Research Society,1984,35(6):499-512.

[4] COX D. Regression models and life tables[J]. J Roy Stat Soc B,1972,34(2):187-202.

[5] 高嵩. 冲击模型下几类可靠性系统的预防性维修策略[D]. 南京:东南大学,2017.

[6] 盛经雨,周伟,郭波. 基于 Gamma 过程的单部件系统预防维修与更换策略[J]. 电子产品可靠性与环境试验,2012,30(01):25-28.

[7] WIJNMALEN D J D,HONTELEZ J A M. Review of a Markov decision algorithm for optimal inspections and revisions in a maintenance system with partial information[J]. European Journal of Operational Research,1992,62(1):96-104.

[8] 史婧轩. 基于可靠性分析的城轨列车转向架故障预测与维修[D]. 北京:北京交通大学,2014.

[9] 张奥,林圣,冯玎,等.基于马尔可夫过程的牵引供电设备维修决策模型及其应用[J].铁道学报,2017(11):43-50.

[10] 赵文杰.地铁车辆轮对磨耗故障预报和镟修策略优化[D].杭州:中国计量学院,2015.

[11] THOMAS L. A survey of maintenance and replacement models for maintainability and reliability of multi-item systems[J]. Reliability Engineering,1986,16(4):297-309.

[12] 王红,杜维鑫,刘志龙,等.联合故障与经济相关性的动车组多部件系统维护[J].上海交通大学学报,2016,50(5):660-667.

[13] 刘洋.基于监测数据的部件状态退化规律及故障相关性研究[D].成都:西南交通大学,2017.

[14] PHAM H,WANG H. Imperfect maintenance[J]. European Journal of Operational Research,1996,94:425-438.

[15] 贺德强,肖红升,姚晓阳,等.地铁列车预防性维修多目标优化模型及应用[J].广西大学学报(自然科学版),2019,44(02):9-15.

[16] 许开立,陈宝智,陈全.安全等级特征量及其计算方法[J].中国安全科学学报,1999(06):10-16.

[17] MONAHAN G E. State of the Art—A Survey of Partially Observable Markov Decision Processes:Theory,Models,and Algorithms[J]. Management Science,1982,28(1):1-16.

[18] MYERS-BEAGHTON A K, VVEDENSKY D D. Chapman-Kolmogrov equation for Markov models of epitaxial growth[J]. Journal of Physics A General Physics,1999,22(11):467.

[19] 钱建生,李小斌,秦文光,等.基于混合高斯隐马尔可夫模型的带式输送机堆煤时刻预测方法[J].工矿自动化,2014,040(011):26-30.

[20] 姜培华,范国良.关于三参数威布尔分布顺序统计量的概率分布性质探讨[J].统计与决策,2015(6):27-30.

[21] 牟明明.地铁车辆寿命周期维修成本分析方法研究[J].中国高新技术企业,2017(2):100-102.

[22] SHEU S H, CHANG C C, CHEN Y L, et al. Optimal preventive maintenance and repair policies for multi-state systems[J]. Reliability Engineering & System Safety,2015,140(8):78-87.

[23] 叶培钒.不完全维修前提下基于状态维修策略最优化模型研究[D].北京:清华大学,2012.

[24] 徐孙庆,耿俊豹,魏曙寰,等.考虑相关性的串联系统动态机会成组维修优化[J].系统工程与电子技术,2018,465(06):228-233.

[25] 金星,洪延姬,张明亮,等.马尔可夫模型状态转移概率矩阵的快速计算方法[J].弹箭与制导学报,2005,25(S3):244-246.

[26] 王晓燕,申桂香,张英芝,等.基于故障链的复杂系统故障相关系数建模[J].吉林大学学报(工学版),2015(02):442-447.

[27] SUN Y, MA L, MATHEW J. Failure analysis of engineering systems with preventive maintenance and failure interactions[J]. Computers & Industrial Engineering,2009,57(2):539-549.

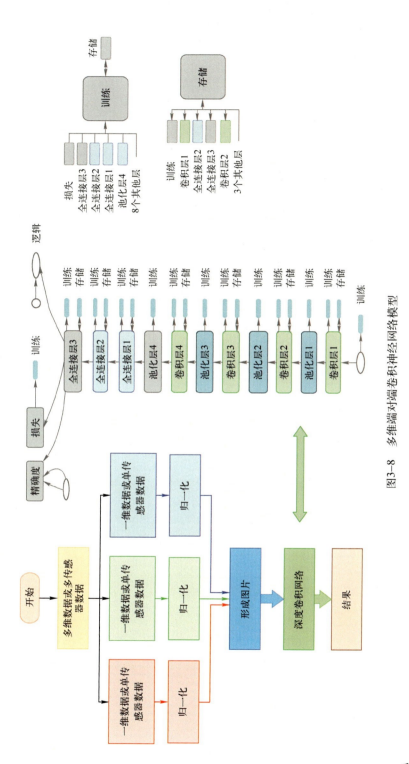

图3-8 多维端对端卷积神经网络模型

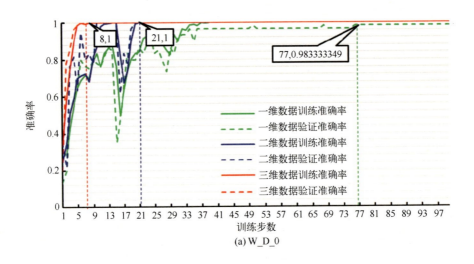
(a) W_D_0

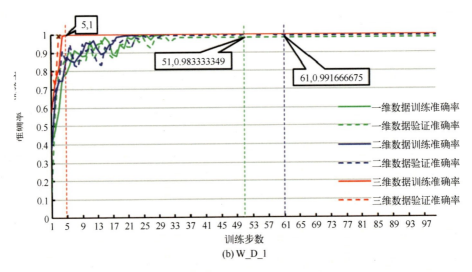
(b) W_D_1

图 3-11 算法准确率结果对比图

彩2

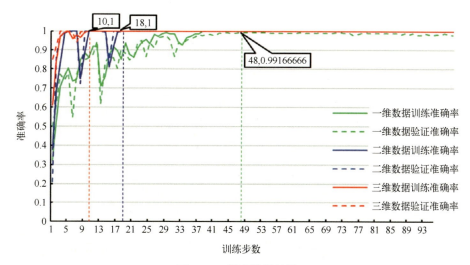

图 3-12 混合数据结果

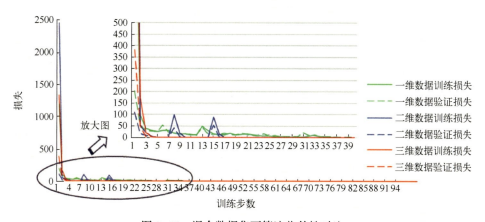

图 3-13 混合数据集下算法收敛性对比

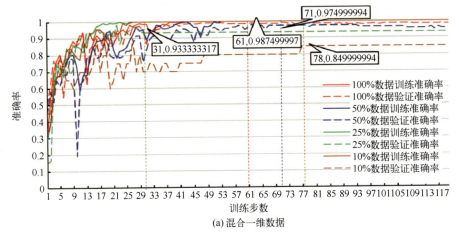

(a) 混合一维数据

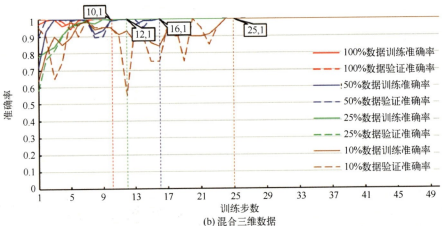

(b) 混合三维数据

图 3-15 数据量对模型的性能影响

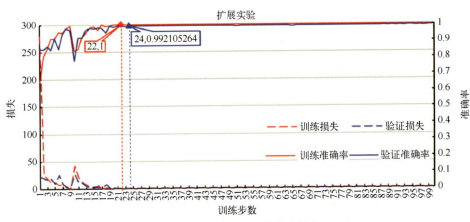

图 3-17 复杂情况下的算法性能